全国中等职业学校机械类专业通用
全国技工院校机械类专业通用（中级技能层级）

# 钳工工艺学（第六版）习题册

朱礼程　主编

中国劳动社会保障出版社

## 简介

本习题册是全国中等职业学校机械类专业通用教材 / 全国技工院校机械类专业通用教材（中级技能层级）《钳工工艺学（第六版）》的配套用书。本习题册紧扣教学要求，按照教材章节顺序编排，知识点分布均衡，题型丰富多样，难易配置适当，有助于学生复习巩固所学知识。

本习题册由朱礼程任主编，杨洋任副主编，孙正见、宋刚、胡顺英、贾玉斌、冯宝森参加编写。

**图书在版编目（CIP）数据**

钳工工艺学（第六版）习题册 / 朱礼程主编 .--北京：中国劳动社会保障出版社，2021
全国中等职业学校机械类专业通用　全国技工院校机械类专业通用 . 中级技能层级
ISBN 978-7-5167-5008-7

Ⅰ.①钳…　Ⅱ.①朱…　Ⅲ.①钳工－工艺学－中等专业学校－习题集　Ⅳ.① TG9-44

中国版本图书馆 CIP 数据核字（2021）第 230412 号

**中国劳动社会保障出版社出版发行**
（北京市惠新东街 1 号　邮政编码：100029）

*

涿州市星河印刷有限公司印刷装订　新华书店经销

787 毫米 ×1092 毫米　16 开本　6 印张　143 千字
2021 年 12 月第 1 版　　2024 年 11 月第 4 次印刷
**定价：12.00 元**

营销中心电话：400-606-6496
出版社网址：http://www.class.com.cn
http://jg.class.com.cn

# 目　录

# 绪　论

## 一、填空题（将正确答案填写在横线上）

1. 机器设备都是由________组成的，零件都是由________材料制成的。

2. 机械制造的生产过程就是__________、__________、__________的过程，它是按照一定的________进行的。

3. 钳工主要从事工件的______________________、机器的______________________、设备的______________________及工具的______________________等工作。

4. 钳工的工作场地一般应符合以下要求：常用设备布局安全、合理，________________，____________________，____________________，起重、运输设施安全可靠等。

## 二、判断题（正确的打“√”，错误的打“×”）

1. 零件毛坯的制造方法有铸造、锻压和焊接等。（　　）

2. 钳工工作时必须穿戴好劳动防护用品。（　　）

3. 不得擅自使用不熟悉的设备和工具。（　　）

## 三、简答题

1. 简述钳工的工作特点及适用场合。

2. 对钳工使用的工具、夹具、量具等的摆放提出了哪些安全文明生产要求？

3．简述6S管理的内容。

# 第一章　钳工常用测量器具

## §1-1　长度测量器具

### 一、填空题（将正确答案填写在横线上）

1．为了保证零件和产品的__________，必须用__________对其进行测量。

2．通常用于在平面内测量长度的测量器具称为__________。它又包含__________、__________、__________以及实物量具等若干类。

3．分度值是测量器具所能直接读出示值的__________，它反映了该测量器具测量精度的高低。一般来说，分度值越______，测量器具的测量精度越______。

4．钳工常用游标卡尺的分度值有 0.02 mm、__________两种。

5．不能用游标卡尺测量__________尺寸，也不能用游标卡尺测量精度要求__________的工件。

6．分度值为 0.02 mm 的游标卡尺，主标尺上刻线间距（每小格长度）为________mm。当两测量爪合并时，游标尺上刻线 50 格刚好与主标尺上的________mm 对正。

7．游标高度卡尺用来测量零件的__________和进行__________。

8．外径千分尺是一种________量具，其测量精度比游标卡尺______。

9．内径千分尺用来测量__________等尺寸，深度千分尺用来测量__________、__________和__________。

10．塞规是指用于__________检验的光滑极限量规，圆柱直径等于被检孔径下极限尺寸的一端为__________，等于被检孔径上极限尺寸的一端为________。

11．塞规是一种专用测量器具，它不能测量出零件及产品的________尺寸数值，但是能判断被测零件的尺寸__________。

12．塞尺是具有________厚度尺寸的单片或成组的薄片，用于检验间隙的________量具。

13．量块是机械制造业中________的标准，它可以用于测量器具和测量仪器的________、________和精密机床的调整，具有______个工作面和______个非工作面。

14．为了工作方便，减少________，选用量块时，应尽可能选用______的块数，一般情况下块数不超过______块。

15．百分表主要用来测量工件的______和______误差，也可用于检验机床的________或调整工件的______偏差。

### 二、判断题（正确的打“√”，错误的打“×”）

1．游标卡尺应按工件的尺寸及精度要求选用。　（　　）

2. 数显卡尺或带表卡尺测量的准确度比普通游标卡尺低。（　　）

3. 千分尺的测量面应保持干净，使用前应校对零位。（　　）

4. 不能用千分尺测量毛坯或转动的工件。（　　）

5. 为了保证测量的准确性，一般可用量块直接测量工件。（　　）

6. 游标深度卡尺主要用来测量孔的深度、台阶的高度和沟槽深度。（　　）

7. 塞尺可以测量温度较高的工件，且不能用力太小。（　　）

8. 卡规的特点是检验效率低，在单件、小批量生产中应用广泛。（　　）

**三、选择题（将正确答案的代号填入括号内）**

1. 测量外尺寸时，游标卡尺测量面的连线应（　　）于被测量表面。

A. 垂直　　B. 平行　　C. 倾斜

2. 外径千分尺的量程范围在 500 mm 以内时，每（　　）mm 为一种规格。

A. 25　　B. 50　　C. 100

3. 内径千分尺刻线方向与外径千分尺刻线方向（　　）。

A. 相同　　B. 相反　　C. 相同或相反

4. 用百分表测量平面时，测头应与平面（　　）。

A. 倾斜　　B. 垂直　　C. 水平

5. 图 1–1 的尺寸读数是（　　）mm。

A. 5.9　　B. 50.45　　C. 50.18

6. 图 1–2 的尺寸读数是（　　）mm。

A. 60.26　　B. 6.23　　C. 7.3

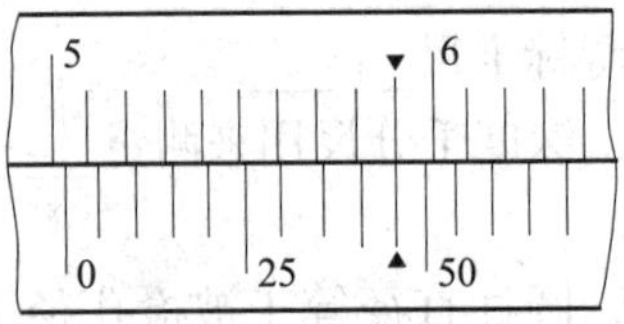

图 1–1

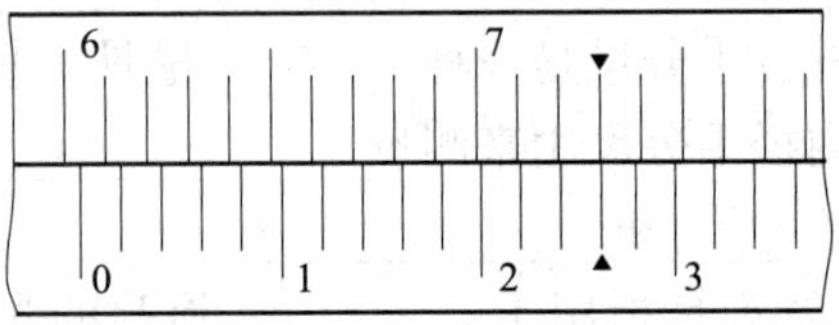

图 1–2

7. 图 1–3 的尺寸读数是（　　）mm。

A. 7.25　　B. 6.25　　C. 6.75

8. 图 1–4 的尺寸读数是（　　）mm。

A. 36.49　　B. 37.01　　C. 36.99

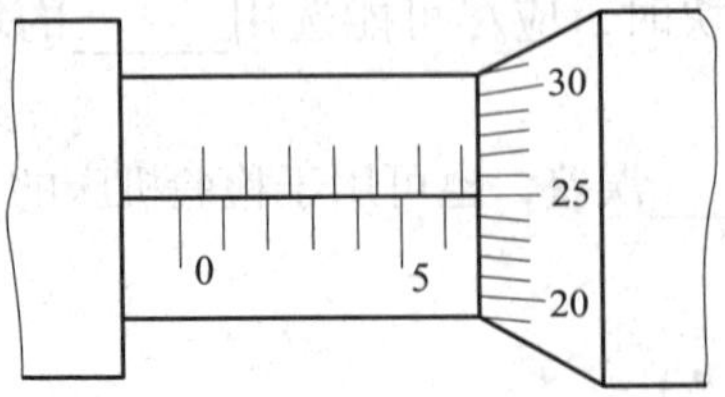

图 1–3

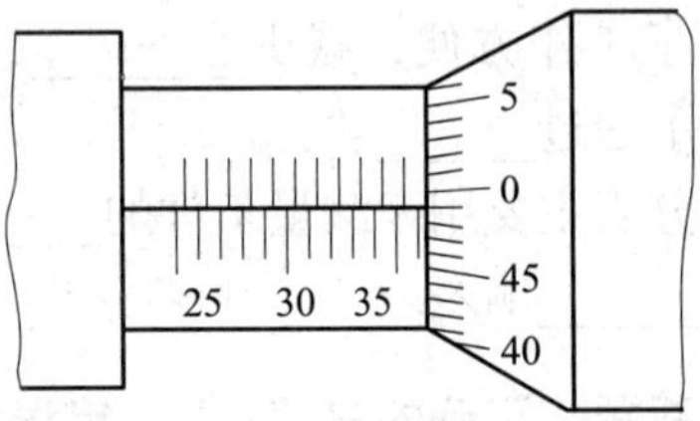

图 1–4

## 四、简答题

1．游标卡尺测量工件时怎样读数？

2．千分尺测量工件时怎样读数？

## 五、计算题

1．如图 1–5 所示，用游标卡尺测得 $M$ 为 100.04 mm，卡尺每个测量爪宽度 $t$ 为 5 mm，两孔直径分别是 $D_1$=24.04 mm，$D_2$=15.96 mm，求两孔中心距 $L$。

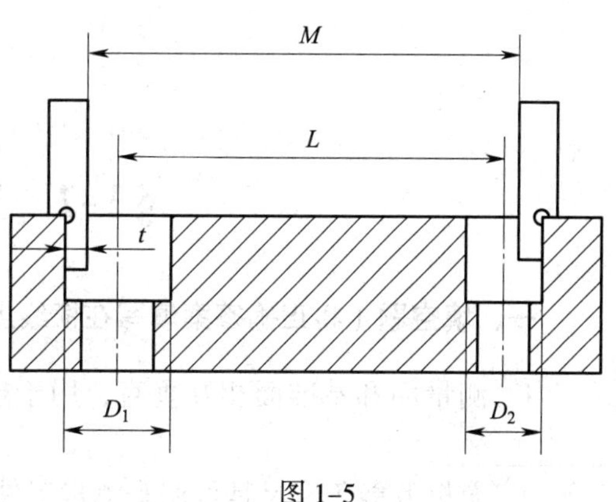


图 1–5

2. 如图 1–6 所示，用游标卡尺测得 $Y$ 为 80.05 mm，已知两圆柱直径 $d$=10 mm，$\alpha$ =60°，求尺寸 $B$。

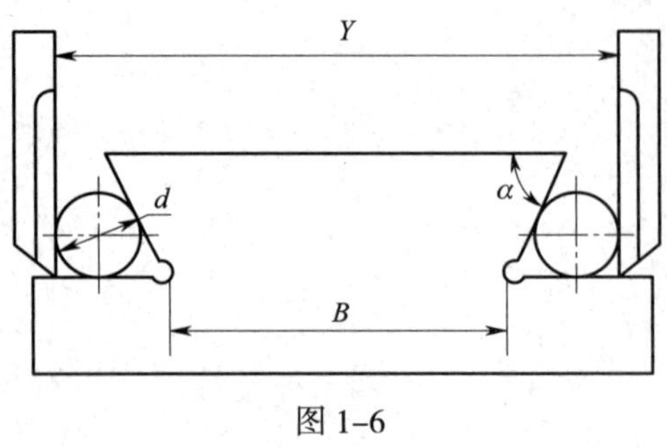

图 1–6

3. 用一量块组测量一工件尺寸 84.425 mm，试确定量块的块数。

## §1–2 角度测量器具

**一、填空题（将正确答案填写在横线上）**

1. 测量面和基准面相互垂直，用于检验直角、垂直度和平行度误差的测量器具称为________。

2. 游标万能角度尺是可用来测量工件和样板的_______和进行________的量具，它有_______型、_______型两种类型，其分度值有_______和_______两种。

3. 正弦规是根据__________原理，利用__________的组合尺寸，以_________测量角度的测量器具。

4. 正弦规的规格用两个圆柱体的_________来表示。

## 二、判断题（正确的打“√”，错误的打“×”）

1. 游标万能角度尺的分度值有 0.02 mm 和 0.05 mm 两种。（　　）

2. 刀口形直角尺是指测量面与基面宽度相等的直角尺。（　　）

## 三、选择题（将正确答案的代号填入括号内）

1. 使用测量范围为 0° ～ 320° 的游标万能角度尺时，可通过主尺与直角尺、直尺的相互组合，将测量范围划分为 4 个测量段，相邻测量段相差（　　）。

A．90°　　B．180°　　C．360°

2. 图 1–7 的角度读数是（　　）。

A．16° 24′　　B．16° 12′　　C．23° 22′

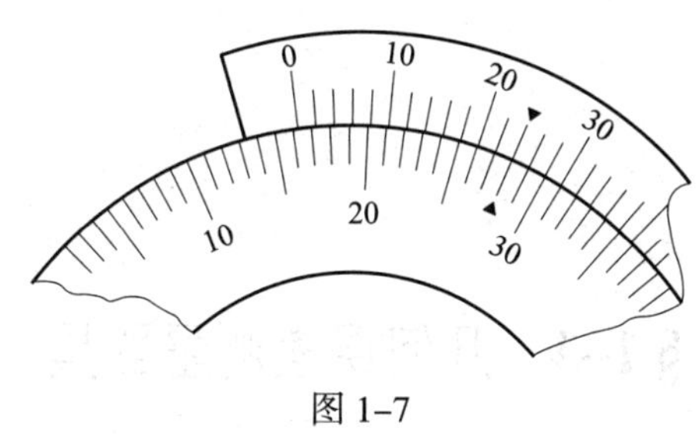


图 1–7

## 四、简答题

1. 使用直角尺时有什么注意事项？

2. 使用游标万能角度尺时有什么注意事项？

## 五、计算题

用中心距为 200 mm 的正弦规测量锥角为 30° 的工件，试求圆柱下应垫量块组的高度尺寸。

# §1–3　几何误差测量器具

## 一、填空题（将正确答案填写在横线上）

1. 使用刀口尺时不得碰撞，以确保其工作棱边的________，否则将影响测量的________。
2. 方箱是由______________的平面组成的矩形基准器具，又称方铁。

## 二、判断题（正确的打"√"，错误的打"×"）

1. 刀口尺主要用来测量工件的直线度或平面度误差。（　　）
2. 使用平板时，工件要轻拿轻放，不要在平板上挪动比较粗糙的工件，以免对平板工作面造成磕碰、划伤等损坏。（　　）

## 三、选择题（将正确答案的代号填入括号内）

1. 常用刀口尺的精度等级不包括（　　）级。
   A．0　　B．1　　C．2
2. 精度等级为 0 级和 1 级的平板工作面应采用刮研法进行（　　）。
   A．精加工　　B．半精加工　　C．粗加工

## 四、简答题

1. 使用刀口尺时的注意事项有哪些？

2. 平板的用途有哪些？

## §1–4 常用测量器具的维护和保养

**一、填空题（将正确答案填写在横线上）**

1. 为了保持测量器具的精度，延长其使用寿命，必须注意对测量器具进行________和________。

2. 不能用精密测量器具测量________的铸、锻件毛坯或带有________的表面。

3. 温度对测量结果的影响很大，精密测量一定要在__________左右进行；一般测量可在室温下进行，但必须使工件和量具的温度__________。

**二、判断题（正确的打“√”，错误的打“×”）**

1. 测量器具不能当作其他工具使用。（ ）

2. 可以把测量器具放在磁场附近。（ ）

**三、选择题（将正确答案的代号填入括号内）**

1. 发现精密测量器具有不正常现象时，应（ ）。

A. 报废　　B. 及时送交计量单位检修

C. 继续使用

2. 精密测量器具应（ ）送计量单位（计量站、计量室）检定，以免其示值误差超差而影响测量结果。

A. 定期　　B. 随时　　C. 不必

**四、简答题**

如何对测量器具进行维护和保养？

# 第二章　钳工基本操作知识

## §2-1　划　　线

### 一、填空题（将正确答案填写在横线上）

1. 划线分____________划线和____________划线两种。只需要在工件的______个表面上划线后，即能明确表示加工界限的，称为____________划线。

2. 划线除要求划出的线条____________外，最重要的是要保证____________。

3. 平面划线要选择____个划线基准，立体划线要选择____个划线基准。

4. 立体划线一般要在____________、____________、____________三个方向上进行。

5. 划线平板用来安放____________和____________，并在其工作面上完成划线及____________过程。

6. 划线盘用来直接在工件上____________或找正工件____________。

7. 划线时，直角尺可作为划____________线或____________线的导向工具，同时可用来找正工件在平板上的____________位置。

8. 千斤顶可用来支承____________或形状不规则的工件进行____________划线。

9. 常用的划线涂料有____________和____________。

10. 划线基准选择的基本原则是尽可能使____________基准与____________基准相一致。

11. 分度头是铣床上用来____________的附件。钳工常用它来对中、小型工件进行____________和____________。

### 二、判断题（正确的打“√”，错误的打“×”）

1. 划线是机械加工的重要工序，广泛地用于成批生产和大量生产。（　　）

2. 合理选择划线基准是提高划线质量和效率的关键。（　　）

3. 划线时都应从划线基准开始。（　　）

4. 当工件上有两个以上的不加工表面时，应选择其中面积较小、次要的或对外观质量要求较低的表面为主要找正依据。（　　）

5. 无论工件上的误差或缺陷有多大，都可采用借料的方法来补救。（　　）

### 三、选择题（将正确答案的代号填入括号内）

1. 一般划线精度能达到（　　）mm。

A．0.025 ~ 0.05　　B．0.25 ~ 0.5　　C．0.5 ~ 1.0

2. 经过划线确定加工时的最后尺寸，在加工过程中，应通过（　　）来保证尺寸准确度。

A．测量　　B．划线　　C．加工

3．一次安装在方箱上的工件，通过翻转方箱，可划出（　　）个方向的尺寸线。

A．一　　B．两　　C．三

4．毛坯通过找正后划线，可使加工表面与不加工表面之间保持（　　）均匀。

A．尺寸　　B．形状　　C．尺寸和形状

5．划针的尖端通常磨成（　　）。

A．10° ~ 12°　　B．12° ~ 15°　　C．15° ~ 20°

6．已加工表面划线常用（　　）作涂料。

A．石灰水　　B．蓝油　　C．硫酸铜溶液

## 四、名词解释

1．立体划线

2．划线基准

3．找正

4．借料

## 五、简答题

1．划线的作用有哪些?

2．划线基准有哪三种基本类型?

3．借料划线一般按怎样的过程进行？

## 六、计算题

1．利用分度头在一工件的圆周上划出均匀分布的15个孔的中心，试求每划完一个孔中心后，手柄应转过几圈后再划第二条线。

2. 现有一个圆环毛坯，其外圆尺寸为 $\phi$69 mm，内孔尺寸为 $\phi$25 mm，由于存在铸造缺陷，使得内、外圆圆心偏移了 5 mm。图样要求其内、外圆都加工，加工后外圆尺寸为 $\phi$62 mm，内孔尺寸为 $\phi$32 mm。试用 1∶1 的比例画图并计算借料方向和大小。

## §2-2 錾削、锯削与锉削

### 一、填空题（将正确答案填写在横线上）

1. 錾削主要用于清除毛坯上的________、________、________及____________等。

2. 錾子一般用______________锻成，它的切削部分刃磨成___形，按用途不同，錾子分为__________、__________、__________。

3. 锯削是一种_____加工，平面度误差一般可控制在_________mm 以内。

4. 锯条的长度规格以________________来表示，常用的锯条长度为_________mm。

5. 起锯有_______和_______两种，为避免锯齿卡住或崩裂，一般尽量采用_______。

6. 通常锯削软材料或切面较大的工件时，应选用___________的锯条；锯削硬材料或切面较小的工件时，则应选用___________的锯条；锯削管子或薄板时，必须选用_______的锯条，以防锯齿卡住或崩裂。

7. 锉削的精度可达_____mm，表面粗糙度值可达_____μm，可以锉削工件的内外平面、__________、沟槽及__________，它是钳工常用的重要操作之一。

8. 锉刀用______________制成，按用途不同，锉刀可分为______锉、______锉和______锉三类。

9. 锉刀按其断面形状不同，分为_________锉、_________锉、_________锉、_________锉和_________锉五种。

10. 锉刀规格包括锉刀的_______规格和锉纹的_______规格。

## 二、判断题（正确的打“√”，错误的打“×”）

1．錾削时形成的切削角度有前角、后角和楔角，三角之和为 90°。（　　）

2．圆锉刀和方锉刀的尺寸规格都是以锉身长度表示的。（　　）

3．锉刀尺寸规格大小的选择仅仅取决于加工余量的大小。（　　）

4．錾削时，錾子楔角一般取 5° ~ 8°。（　　）

5．油槽錾的切削刃较长，呈直线形状。（　　）

## 三、选择题（将正确答案的代号填入括号内）

1．錾削中等硬度材料时，楔角取（　　）。

A．30° ~ 50°　　B．50° ~ 60°　　C．60° ~ 70°

2．锤子锤体用非合金工具钢制成，并经淬硬处理，其规格用（　　）表示。

A．长度　　B．质量　　C．体积

3．为避免锯条卡住或崩裂，起锯角一般不大于（　　）。

A．10°　　B．15°　　C．20°

## 四、名词解释

1．錾削

2．锯削

## 五、简答题

1．什么是锯条的分齿？它有什么作用？

2．如何正确合理地选用锉刀？

**六、作图题**

在图 2–1 所示的錾削示意图上，标出錾削时形成的刀具角度，并用文字或符号表示角度的名称。

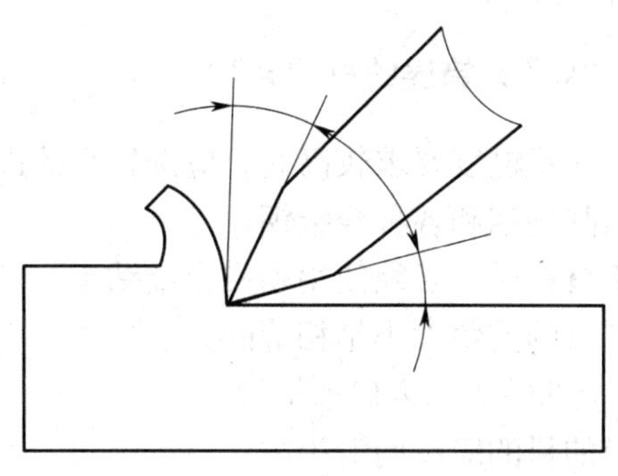

图 2–1

# §2–3 孔 加 工

**一、填空题（将正确答案填写在横线上）**

1. 麻花钻一般用________制成。它由____________和____________组成，其柄部有__________柄和__________柄两种。

2. 麻花钻的钻体包括____________和由两条刃带形成的____________及空刀。

3. 磨短横刃并增大钻心处的____________，可减小____________和____________现象，提高钻头的____________作用和切削的______性，使切削性能得以____________。

4. 麻花钻顶角大小可根据____________由刃磨决定，标准麻花钻顶角 $2\varphi=$________。

5. 钻削时，钻头直径和进给量确定后，钻削速度应按钻头的________选择，钻深孔应取________的切削速度。

6. 钻削用量包括____________、____________和____________。

7. 对钻孔生产率的影响，切削速度 $v$ 和进给量 $f$________；对孔的表面粗糙度的影响，进给量 $f$ 比切削速度 $v$________。

8. 标准群钻切削部分的形状特点：由于磨出月牙槽，主切削刃形成______尖；七刃，即两条______刃、两条______刃、两条______刃和一条____刃；有两种槽，即________槽和________槽。

9. 用扩孔钻扩孔时，进给量一般为钻孔的______倍，切削速度约为钻孔的______。

10. 扩孔常作为孔的________加工及铰孔前的______加工。

11. 锪孔时的进给量约为钻孔的______倍，切削速度约为钻孔的______。

12. 铰刀按使用方法分为__________铰刀和__________铰刀，按切削部分材料分为____________铰刀和____________铰刀，按结构分为____________铰刀和____________铰刀。

13. 选择铰削余量时，应考虑________________、________________、________________、__________________和______________及加工工艺等多种因素的综合影响。

14．铰削尺寸较小的圆锥孔时，可先以______直径按圆柱孔____________钻出底孔，然后用________铰削。

15．选择孔的加工方案时，一般应考虑__________、__________、孔的______________和______________以及生产条件等因素。

## 二、判断题（正确的打“√”，错误的打“×”）

1．当孔的尺寸精度、表面粗糙度要求较高时，应选较小的进给量。（　　）

2．标准群钻主要用来钻削碳钢和各种合金钢。（　　）

3．加工硬、脆等难加工材料时，必须使用硬质合金钻头。（　　）

4．麻花钻主切削刃上各点的前角大小是相等的。（　　）

5．一般直径在 5 mm 以上的钻头均需修磨横刃。（　　）

6．钻孔时，使用切削液的目的应以润滑为主。（　　）

7．铰孔时可能会产生孔径收缩或扩张现象。（　　）

8．群钻主切削刃分成几段的目的是有利于分屑、断屑和排屑。（　　）

9．钻深孔时应取较小的切削速度。（　　）

10．扩孔是用扩孔钻对工件上已有的孔进行精加工。（　　）

11．铰孔是用铰刀对粗加工的孔进行精加工。（　　）

12．铰削带有键槽的孔时采用普通直槽铰刀。（　　）

13．铰孔时，不论进刀还是退刀都不能反转。（　　）

14．应用孔加工复合刀具可以提高生产率，降低生产成本。（　　）

## 三、选择题（将正确答案的代号填入括号内）

1．钻头直径大于 13 mm 时，夹持部分一般做成（　　）。

A．直柄　　B．莫氏锥柄　　C．直柄或锥柄

2．麻花钻顶角越小，则轴向力越小，刀尖角增大，有利于（　　）。

A．切削液的进入　　B．散热和延长钻头的使用寿命

C．排屑

3．当麻花钻后角磨得偏大时，横刃斜角减小，横刃长度（　　）。

A．增大　　B．减小　　C．不变

4．当孔的精度要求较高和表面粗糙度值要求较小时，加工中应选用主要起（　　）作用的切削液。

A．润滑　　B．冷却　　C．冷却和润滑

5．当孔的精度要求较高和表面粗糙度值要求较小时，加工中应取（　　）。

A．较大的背吃刀量　　B．较小的切削速度　　C．较小的进给量

6．铰削标准直径系列的孔主要使用（　　）铰刀。

A．整体式　　B．可调节式　　C．整体式或可调节式

7．机铰时，应使工件（　　）次装夹进行钻孔、扩孔、铰孔，以保证孔的加工位置。

A．一　　B．二　　C．三

8．铰削圆锥定位销孔应使用（　　）锥铰刀。

A．1∶10　　　　B．1∶30　　　　C．1∶50

## 四、名词解释

1．钻孔

2．顶角（$2\varphi$）

3．横刃斜角（$\psi$）

4．铰孔

## 五、简答题

1．麻花钻前角的大小对切削有什么影响？

2．麻花钻主后角的大小对切削有什么影响？

3．标准麻花钻切削部分存在哪些主要缺点？钻削中会产生什么影响？

4．标准麻花钻通常修磨哪些部位？其目的是什么？

5. 钻孔时如何选择切削液？

6. 铰削余量为什么不能留得太大或太小？

7. 切屑的种类有哪几种？各有什么特点？

8. 标准群钻采取了哪些修磨措施？

9. 用标准铰刀铰削 $D$=30 mm、IT8 级精度、表面粗糙度 $Ra \leqslant 1.6\ \mu m$ 的孔，试确定孔的加工方案。

10. 加工如图 2-2 所示工件上 $\phi$40H8 和 $\phi$60 mm 孔，试确定加工工艺方案及所选用刀具。

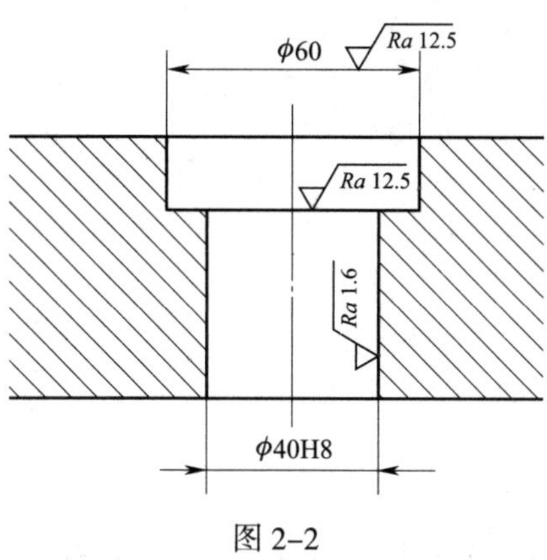


图 2-2

## 六、计算题

1. 在钻床上钻 $\phi$10 mm 的孔，选择转速 $n$ 为 500 r/min，求钻削时应选择的切削速度。

2. 在钻床上钻 $\phi$20 mm 的孔，选择切削速度 $v$ 为 20 m/min，求钻削时应选择的转速。

3．在厚度为 50 mm 的 45 钢板上钻 $\phi$20 mm 的通孔，每件 6 孔，共 25 件，选用切削速度 $v$=15.7 m/min，进给量 $f$=0.5 mm/r，钻头顶角 2$\varphi$=118°，求钻完这批工件的钻削时间。

4．加工 $\phi$40 mm 的孔，应进行钻孔、扩孔、铰孔，先钻 $\phi$20 mm 孔，扩孔至 $\phi$39.6 mm，再进行铰孔。若选用切削速度 $v$=20 m/min，进给量 $f$=0.8 mm/r，求钻孔、扩孔、铰孔的背吃刀量及扩孔的切削速度与进给量。

## 七、作图题

1．作出麻花钻切削部分的示意图，并用文字表示各部位的名称。

2．在标准麻花钻切削部分示意图 2–3 中标注出顶角、横刃斜角及主切削刃上 $A$ 点的前角和后角。

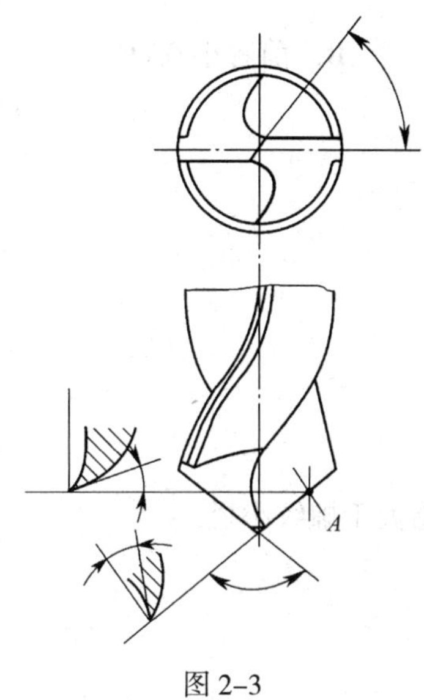


图 2–3

# §2–4　螺 纹 加 工

**一、填空题（将正确答案填写在横线上）**

1．丝锥是________螺纹用的工具，有________丝锥和________丝锥。

2．攻螺纹时，丝锥切削刃对材料产生挤压，因此攻螺纹前__________直径必须稍大于________。

3．套螺纹时，丝锥切削刃对材料产生挤压，因此套螺纹前__________直径应稍小于____________。

4．成组丝锥切削量的分配形式有____________和____________两种。

5．锥形分配的成组丝锥中，各支丝锥的__________、_________、_________均相等，仅__________________及________不等。

6．柱形分配的成组丝锥中，通常三支一组的按________分担切削量；两支一组的按__________分担切削量。

**二、判断题（正确的打"√"，错误的打"×"）**

1．普通螺纹丝锥有粗牙、细牙之分，单支、成组之分，等径、不等径之分。（　　）

2．专用丝锥为了控制排屑方向，将容屑槽做成螺旋槽。（　　）

3．柱形分配的丝锥切削省力，使用寿命长，加工精度高。（　　）

**三、选择题（将正确答案的代号填入括号内）**

1．加工不通孔螺纹时，需要将切屑向上排出，丝锥容屑槽应为（　　）槽。

A．左旋　　　　　　　　B．右旋　　　　　　　　C．直

2．在钢和铸铁工件上加工同样直径的内螺纹时，钢件底孔直径与铸铁件底孔直径相比，(　　)。

A．前者大 0.1$P$　　　　　　B．前者小 0.1$P$　　　　　　C．两者相等

## 四、名词解释

1．攻螺纹

2．套螺纹

## 五、简答题

1．螺纹底孔直径为什么要略大于螺纹小径？

2．简述丝锥的组成部分及各部分的作用。

## 六、计算题

1．用计算法求下列螺纹底孔直径。(精确到小数点后一位)

(1) 在钢件上攻螺纹：M16、M12 × 1

(2) 在铸铁件上攻螺纹：M16、M12 × 1

2. 用计算法求在钢件上套 M20 的螺纹前圆杆的直径。（精确到小数点后一位）

3. 在钢件上加工 M20 的不通孔螺纹，螺纹有效深度为 60 mm，求钻底孔的深度。

## §2–5 矫正与弯形

**一、填空题（将正确答案填写在横线上）**

1. 消除材料或制件的__________、__________、凹凸不平等缺陷的加工方法称为矫正。

2. 金属材料的变形有__________变形和__________变形两种，矫正是针对__________变形而言的。

3. 按被矫正工件矫正时的温度分类，矫正可分为________矫正和________矫正两种。按矫正时产生矫正力的方法分类，矫正可分为________矫正、________矫正、__________矫正及高频热点矫正等。

4. 常用的手工矫正方法有__________、__________、__________和__________。

5. 螺旋压力工具适用于矫正较大的______工件或______。

6．矫正轴类零件的弯曲变形时，使用敲击法可使上层凸起部位受____而缩短，使下层凹入部位受____而伸长。

7．弯形后工件外层材料______________，内层材料______________，而中间有一层材料长度______________，称为________。

8．经过弯形的工件，越接近材料表面变形越________，越容易出现______________或______________现象。

9．在常温下进行的弯形称为______________，在______________情况下进行的弯形称为热弯。

10．管子弯形，直径在12 mm以上需采用______弯，临界半径必须是管子直径的______倍以上。

## 二、判断题（正确的打“√”，错误的打“×”）

1．金属材料弯形时，在其他条件不变的情况下，弯形半径越小，变形也越小。（　　）

2．材料弯形后，中性层长度保持不变，但其实际位置一般不在材料几何中心。（　　）

3．工件弯形卸荷后，弯形角度和弯形半径会发生变化，出现回弹现象。（　　）

4．弯形半径不变，材料厚度越小，变形越大，中性层越接近材料的内层。（　　）

5．常用钢件弯形半径大于两倍厚度时，就可能出现弯裂现象。（　　）

## 三、选择题（将正确答案的代号填入括号内）

1．冷矫正由于存在冷作硬化现象，只适用于（　　）的材料。

A．刚度高，变形严重　　B．塑性好，变形不严重

C．刚度高，变形不严重

2．弯形有焊缝的管子时，焊缝必须放在其（　　）的位置。

A．变形外层　　B．变形内层　　C．中性层

## 四、名词解释

1．冷作硬化

2．弯形

## 五、简答题

怎样矫正薄板中间凸起的变形？

## 六、计算题

1．计算如图 2–4 所示工件的展开长度。

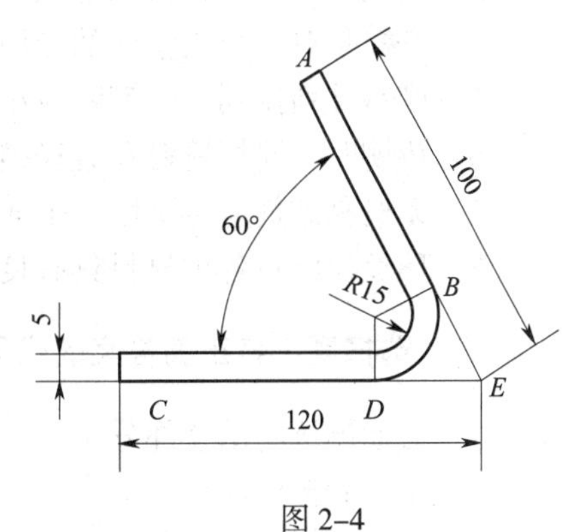


图 2–4

2．计算如图 2–5 所示工件的展开长度。

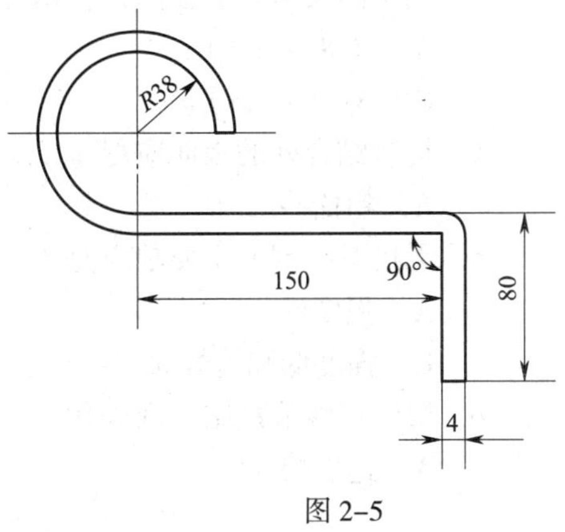


图 2–5

# §2–6　铆接、粘接与锡焊

## 一、填空题（将正确答案填写在横线上）

1．按使用要求不同，铆接可分为________铆接和________铆接两大类。

2．按铆接方法不同，铆接可分为________铆、________铆、________铆三类。

3．黏结剂按使用的材料不同，有________黏结剂和________黏结剂两大类。

4．锡焊常用于焊接__________要求不高或要求__________较好的连接，以及电气元件或电气设备的__________连接等。

## 二、判断题（正确的打"√"，错误的打"×"）

1．铆钉直径大小和被连接工件的厚度有关。（　　）

2．低压容器的铆接应用强固铆接。（　　）

3．只把铆钉的铆合头端部加热进行的铆接是混合铆。（　　）

4．罩模是对铆合头整形的专用工具。（　　）

5．铆钉并列排列时，铆距应小于 3 倍铆钉直径。（　　）

6．热铆时，要把铆钉孔直径缩小 0.1~1 mm，使铆钉在热态时容易插入。（　　）

7．无机黏结剂应尽量用于平面对接和搭接的接头结构形式。（　　）

8．环氧树脂对各种材料具有良好的粘接性能，应用广泛。（　　）

## 三、选择题（将正确答案的代号填入括号内）

1．活动铆接的结合部分（　　）。

A．固定不动　　B．可以相互转动和移动

C．可以相互转动

2．直径在 8 mm 以下的钢铆钉，铆接时一般用（　　）。

A．热铆　　B．冷铆　　C．混合铆

3．用半圆头铆钉铆接时，若铆钉直径为 $a$，则留作铆合头的伸出部分长度应为（　　）。

A．（0.8 ~ 1.2）$a$　　B．（1.25 ~ 1.5）$a$

C．（0.8 ~ 1.5）$a$

4．粘接结合处的表面应尽量（　　）。

A．粗糙些　　B．光滑些

5．无机黏结剂的主要缺点是（　　）。

A．强度低　　B．脆性大

C．强度低和脆性大

6．聚丙烯酸酯黏结剂因固化（　　），不适用于大面积粘接。

A．速度快　　B．速度慢　　C．速度适中

## 四、名词解释

1．粘接

2．锡焊

## 五、简答题

1．固定铆接按用途和要求不同分为哪几种？各用于什么情况？

2．简述半圆头铆钉的铆接过程。

## 六、计算题

1．用半圆头铆钉铆接板厚为 3 mm 和 2 mm 的两块钢板，试确定铆钉直径、长度和铆距。

2. 用沉头铆钉铆接两块厚为 4 mm 的钢板，试确定铆钉直径、长度和装配通孔直径。

## §2-7 刮　　削

**一、填空题（将正确答案填写在横线上）**

1. 经过刮削的工件能获得很高的__________精度、__________精度、__________精度和很小的表面粗糙度值。

2. 平面刮刀用于刮削__________和__________；曲面刮刀用于刮削________。

3. 校准工具是用来________和检查__________准确性的工具。

4. 红丹粉由________或________用机油调和而成，广泛应用于________________和______________工件。

5. 蓝油用于________和有色金属及其合金的工件。

6. 显示剂用来显示工件误差的________和________。

7. 粗刮时，显示剂应涂在____________表面上；精刮时，显示剂应涂在____________表面上。

8. 刮花的目的是使刮削面______________，并改善滑动件之间的______________条件。

9. 检查刮削质量的方法：用边长为 25 mm 的正方形框内的研点数来检查____________精度；用框式水平仪检查______________度。

10. 平面刮削一般要经过________、________、________和________等过程。

**二、判断题（正确的打"√"，错误的打"×"）**

1. 调和显示剂时，粗刮可调得稀些，精刮应调得稠些。（　　）

2. 粗刮的目的是增加研点数，改善表面质量，使刮削面符合精度要求。（　　）

3. 通用平板的精度中 0 级最低，3 级最高。（　　）

4. 细刮刀痕窄而长，刀迹长度约为刀刃宽度。（　　）

5. 大型工件显点时，应将平板固定，工件在平板上推研。（　　）

**三、选择题（将正确答案的代号填入括号内）**

1. 刮削余量不宜太大，一般为（　　）mm。

A．0.05 ~ 0.4　　B．0.04 ~ 0.05　　C．0.4 ~ 0.5

2. 检查内曲面刮削质量时，校准工具一般采用与其配合的（　　）。

A．孔　　B．轴　　C．孔或轴

3．当工件被刮削面小于平板面时，推研中最好（　　）。

A．超出平板　　B．不超出平板　　C．与平板平齐

4．进行细刮时，推研后显示出有些发亮的研点，应（　　）。

A．轻些刮　　B．重些刮　　C．不轻不重地刮

5．粗刮时，刮刀楔角取（　　）。

A．92.5°　　B．95°　　C．97.5°

**四、名词解释**

刮削

**五、简答题**

粗刮、细刮和精刮可分别采用什么方法？应分别达到什么要求？

## §2–8　研　　磨

**一、填空题（将正确答案填写在横线上）**

1．研磨可使工件获得精确的________、________和极小的________。

2．常用的研具类型有______、______和______等。

3．磨料的粗细用________表示，分为________和________两部分。

4．研磨剂是由________、________和辅助材料制成的混合剂，其中磨料在研磨中起______作用。

5．常用的磨料有______磨料、______磨料和______磨料，其中______磨料主要用于高速钢、铸铁工件的研磨。

## 二、判断题（正确的打“√”，错误的打“×”）

1. 研磨后尺寸精度可达 0.01 ~ 0.05 mm。（ ）
2. 软钢韧性较好，不容易折断，常用来制作小型研具。（ ）
3. 有槽的研磨平板用于精研磨。（ ）
4. 分散剂使磨料均匀分散在研磨剂中，起稀释、润滑、冷却作用。（ ）
5. 狭窄平面要研磨成半径为 $R$ 的圆角，可采用直线运动轨迹研磨。（ ）
6. 手工粗研时，每分钟往复 20 ~ 40 次；精研时，每分钟往复 40 ~ 60 次。（ ）

## 三、选择题（将正确答案的代号填入括号内）

1. 研具材料比被研磨的工件（ ）。
   A．软　　B．硬　　C．软或硬
2. 研磨是微量切削，研磨余量不能太大，一般为（ ）mm。
   A．0.002 ~ 0.005　　B．0.005 ~ 0.03　　C．0.005 ~ 0.4

## 四、名词解释

研磨

## 五、简答题

1. 对研具材料有哪些要求？常用的研具材料有哪几种？

2. 手工研磨的运动轨迹有哪些？

# 第三章　钳工常用设备及工具

## §3–1　钻　　床

### 一、填空题（将正确答案填写在横线上）

1．钻床是钳工常用的____________机床，常用的有____________钻床、____________钻床和____________钻床等。

2．台式钻床适用于在______工件上钻、扩直径为______mm 以下的孔。

3．立式钻床适用于单件、小批量生产中对______、______工件进行孔加工。

4．Z525B 型立式钻床有______运动、______运动和______运动三种运动形式。

5．摇臂钻床适用于在________、__________型工件上进行______、______、铰孔、锪平面及攻螺纹等操作，在有工艺装备的条件下，还可以进行镗孔，用途广泛。

6．Z3050×16 型摇臂钻床的最大钻孔直径为______mm。

7．Z3050×16 型摇臂钻床的传动系统可实现________________、________________、________________及主轴箱在摇臂上的移动。

8．Z3050×16 型摇臂钻床主轴的进给有______进给、______进给、______进给和定程切削等多种形式。

### 二、判断题（正确的打“√”，错误的打“×”）

1．Z525B 型立式钻床既可机动进给，又可手动进给。（　　）

2．Z525B 型立式钻床工作台的升降是通过蜗杆、蜗轮及齿轮、齿条啮合传动实现的。（　　）

3．Z3050×16 型摇臂钻床主轴锥孔锥度为莫氏 4 号锥度。（　　）

4．Z3050×16 型摇臂钻床有三级高转速及三级大进给量，为避免发生危险，不能同时选用。（　　）

5．Z4112 型台式钻床通过改变 V 带在塔轮上的位置变速，而 Z525B 型立式钻床及 Z3050×16 型摇臂钻床则通过改变滑移齿轮的轴向位置实现变速。（　　）

### 三、选择题（将正确答案的代号填入括号内）

1．Z525B 型立式钻床主轴锥孔的锥度为莫氏（　　）号锥度。

A．2　　B．3　　C．4

2．钻孔过程中需要测量时，应（　　）。

A．先测量后停车　　B．边测量边停车　　C．先停车后测量

3．钻床停车时应（　　）。

A．让主轴自然停止　　B．用手刹住主轴　　C．用反转制动

**四、简答题**

1．简述 Z4112 型台式钻床主运动和进给运动的传动路线。

2．简述摇臂钻床操作的注意事项。

## §3–2 钻 床 附 具

**一、填空题（将正确答案填写在横线上）**

1．钻夹头安装在钻床主轴端部，用三个可______移动的卡爪夹紧钻头或其他工具，其规格用__________________表示。

2．扳手钻夹头按其用途可分为__________、中型和__________。连接形式有螺纹连接和__________两种。

3．应根据钻头锥柄__________的号数和钻床__________选用相应的变径套。

**二、判断题（正确的打“√”，错误的打“×”）**

1．2 号钻头套可与 4 号钻头套配接使用。　（　　）

2．使用快换钻夹头可实现不停车换刀。　（　　）

## 三、选择题（将正确答案的代号填入括号内）

1．钻夹头用来装夹直径在 13 mm 以内的（　　）钻头。

A．直柄　　B．锥柄　　C．直柄或锥柄

2．一般钻头套的外圆锥比内锥孔大（　　）号。

A．1　　B．2　　C．3

## 四、简答题

1．快换钻夹头有什么特点？

2．钻头变径套共分几号？如何使用？

3．简述钻床操作的注意事项。

# §3–3　常用电动工具及起重设备

## 一、填空题（将正确答案填写在横线上）

1．钳工常用的电动工具有＿＿＿＿＿＿、＿＿＿＿＿＿和电剪刀等，常用的起重设备有＿＿＿＿＿、＿＿＿＿＿和单梁桥式起重机等。

2．在装配、修理工作中，当受工件形状或＿＿＿＿＿的限制不能用钻床钻孔时，则可使用＿＿＿＿＿加工。

3．使用单梁桥式起重机起吊时，工件与电葫芦位置应在＿＿＿＿＿＿＿＿＿＿，工件不可＿＿＿＿＿。

4．永磁起重器分为＿＿＿＿＿和全自动型两种，＿＿＿＿＿永磁起重器手柄开关附有安全钮，可单手操作，方便、安全。

5. 砂轮机是用来刃磨各种刀具、工具的常用设备，其主要由__________、__________、__________和防护罩等组成。

**二、判断题（正确的打“√”，错误的打“×”）**

1. 手电钻的规格是以其最大钻孔直径来表示的。（ ）
2. 电磨头新装的砂轮可直接使用，无须修整。（ ）
3. 使用千斤顶时，重物不得超过千斤顶的负载能力。（ ）

**三、选择题（将正确答案的代号填入括号内）**

1. 手电钻在使用前，应开机空转（ ）min，检查无异常后才可使用。

A. 1　　B. 2　　C. 1 ~ 2

2. 电磨头适用于在（ ）工具、夹具、模具装配及调整中对各种形状复杂的工件进行修磨或抛光。

A. 小型　　B. 中型　　C. 大型

**四、简答题**

1. 试述手电钻的使用注意事项。

2. 简述单梁桥式起重机的安全操作规程。

3. 砂轮机的使用注意事项有哪些？

# 第四章　装配基础知识

## §4–1　装配工艺概述

### 一、填空题（将正确答案填写在横线上）

1. 按规定的技术要求，将 ____________ 或 ____________ 进行配合和连接，使之成为 ____________ 或成品的工艺过程称为装配。

2. 可以独立进行装配的部件（组件、分组件）称为 ____________。

3. 产品的装配工艺过程包括 ____________、____________、____________ 及 ____________ 四个阶段。

4. 装配工艺过程中的调整是指调节零件或机构的____________、____________、____________等。

5. 试车是试验机构或机器运转的________、________、________、________、________、________及功率等性能参数是否符合要求。

6. 装配的组织形式有______装配和______装配两种。

7. 固定式装配主要应用于______生产或______生产中。

8. 装配单元系统图反映了产品零部件间的________关系及________等，生产中可用以________和________装配工艺过程。

9. 装配工作一般由若干个____________所组成。

### 二、判断题（正确的打“√”，错误的打“×”）

1. 部件装配和总装配都是从基准零件开始的。（　　）

2. 精度检验是指几何精度和工作精度的检验。（　　）

3. 移动式装配的装配质量好，生产效率高。（　　）

4. 一个装配工步可以包括一个或几个装配工序。（　　）

### 三、选择题（将正确答案的代号填入括号内）

1. 直接进入组件装配的部件称为（　　）。

　A. 零件　　B. 分组件

　C. 装配单元

2. 将零件和（　　）装配成最终产品的过程称为总装配。

　A. 零件　　B. 组件

　C. 部件

## 四、名词解释

1. 部件装配

2. 装配工艺规程

3. 装配单元系统图

4. 固定式装配

5. 移动式装配

6. 工序

7. 工步

## 五、简答题

1. 零件和组件有什么区别？

2. 简述装配单元系统图的绘制方法。

3．简述装配顺序的一般确定原则。

## §4–2　装配前的准备工作

**一、填空题（将正确答案填写在横线上）**

1．零件清理和清洗的重要作用是提高__________、延长产品__________。
2．常用清洗液有____________、____________、____________和化学清洗液等。
3．零件的密封性试验有____________法和____________法两种。
4．旋转件不平衡的形式分为________和________两类。
5．旋转件平衡的方法有____________和____________两种。
6．静平衡适用于长径比较____或长径比虽较大但__________不太高的旋转件。

**二、判断题（正确的打“√”，错误的打“×”）**

1．装配前，必须对零件进行平衡试验或密封性试验。（　　）
2．已加注防锈润滑脂的密封滚动轴承不需要清洗。（　　）

**三、选择题（将正确答案的代号填入括号内）**

1．（　　）用于冲洗钢件上以机油为主的油垢和机械杂质。
A．工业汽油　　B．煤油和柴油　　C．化学清洗液
2．对于橡胶制品，严禁用（　　）清洗。
A．酒精　　B．汽油　　C．化学清洗液
3．滚动轴承不能使用（　　）清洗，以免影响轴承装配质量。
A．汽油　　B．化学清洗剂　　C．棉纱

**四、名词解释**

静不平衡

**五、简答题**

简述静平衡的方法。

## §4–3　装配尺寸链和装配方法

**一、填空题（将正确答案填写在横线上）**

1．构成尺寸链的每一个尺寸都称为______，每个尺寸链至少应有______个环。

2．互换装配法适用于组成环数______、精度要求______的场合或______生产中。

3．装配精度不完全取决于零件制造精度的装配方法有______装配法、修配装配法和______装配法。

4．装配时，修去指定零件上的预留______，以达到装配精度的装配方法称为______装配法。

5．调整装配法主要有__________和__________两种装配方法。

**二、判断题（正确的打"√"，错误的打"×"）**

1．在装配过程中，零件精度对装配精度有直接影响。（　　）

2．一个尺寸链中只有一个封闭环。（　　）

3．分组装配法的装配精度完全取决于零件的加工精度。（　　）

**三、选择题（将正确答案的代号填入括号内）**

1．在装配时各配合零件不经修理，通过选择或调整即可达到装配精度的方法是（　　）。

A．互换装配法　　B．修配装配法　　C．选配装配法

2．装配时，用可换垫片、垫圈、套筒等控制调整件的尺寸，以消除零件间的累积误差或配合间隙的方法是（　　）。

A．选配装配法　　B．修配装配法　　C．调整装配法

3．在其他组成环不变的条件下，当某组成环增大时，封闭环随之增大，那么该组成环称为（　　）。

A．增环　　　　B．减环　　　　C．协调环

## 四、名词解释

1．装配尺寸链

2．封闭环

## 五、简答题

1．常用的装配方法有哪几种？分别适用于什么场合？

2．装配方法、装配精度与零件制造精度之间的关系是什么？

## 六、计算题

1．某尺寸链各环基本尺寸及公差如图 4-1 所示，试求装配后其封闭环 $A_\Delta$ 可能出现的极限尺寸。

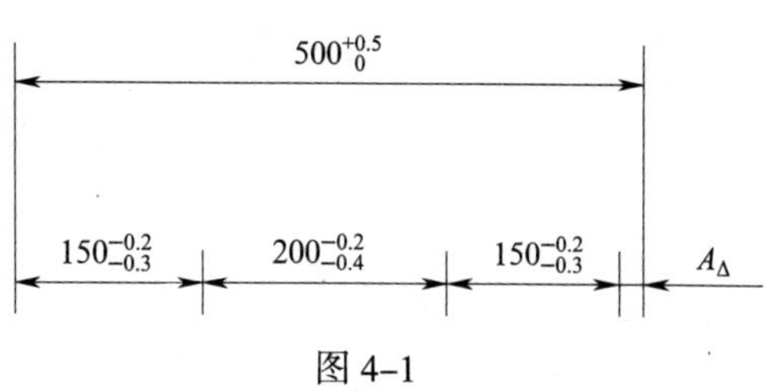


图 4-1

2. 按互换装配法解图 4–2 所示的尺寸链，即确定各环的极限偏差。设 $A_1$=120 mm，$A_2$=60 mm，$A_3$=40 mm，$A_\Delta=20^{+0.1}_{-0.1}$ mm，$T_2=T_3=\frac{1}{2}T_1$。

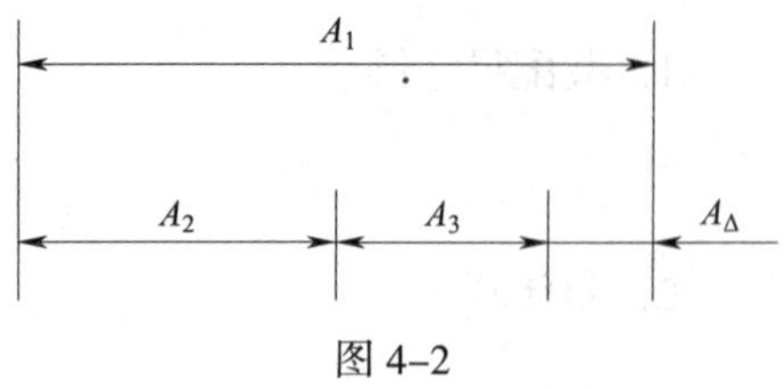


图 4–2

3. 有一批 $\phi$50 mm 的孔、轴配合件，装配间隙要求为 0.01 ~ 0.02 mm，试用分组装配法解此尺寸链。（孔、轴经济公差均为 0.015 mm）

4. 如图 4–3 所示的孔、轴配合件，其中轴需镀铬，镀铬前 $A_2$ 为 $\phi60^{-0.260}_{-0.276}$ mm，要求镀铬层厚度为 15 ~ 20 μm；孔径 $A_1$ 为 $\phi60^{+0.030}_{0}$ mm，那么镀铬后配合时的封闭环极限尺寸和公差 $T_\Delta$ 各是多少？

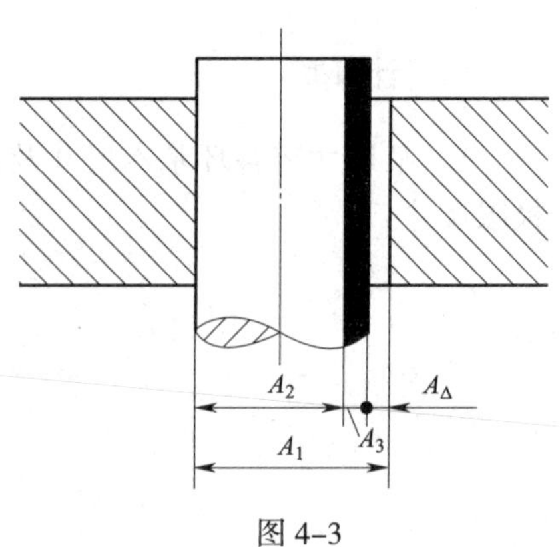


图 4–3

# §4-4 设备拆卸

**一、填空题（将正确答案填写在横线上）**

1. 设备修理中拆卸方法不当，会造成被拆卸零部件____________，甚至使整台设备的__________和__________降低。

2. 对于相配合的两零件，在不得已必须采用破坏性拆卸法时，应保存价值____________________、制造__________或质量__________的零件。

3. 常用拆卸过盈连接的方法有________法、________法、________法、加热法和破坏性拆卸法等。

4. ________法是一种静力拆卸方法，适用于拆卸精度较高的零件。

**二、判断题（正确的打"√"，错误的打"×"）**

1. 拆卸机械设备时，一般从内部拆至外部，从下部拆至上部，先拆零件后拆部件。（　　）

2. 对不易拆卸或拆卸后会降低连接质量和损坏一部分连接零件的，应当尽量避免拆卸。（　　）

**三、简答题**

拆卸前的准备工作有哪些？

# 第五章　固定连接的装配

## §5-1　螺纹连接的装配

### 一、填空题（将正确答案填写在横线上）

1. 固定连接一般分为__________和__________两大类。常见的固定连接有________、________、________、________、________、________和__________等。

2. 螺纹连接是一种______的固定连接，主要类型有__________连接、__________连接、__________连接及__________连接等。

3. 螺纹连接的装拆工具有________________和____________等。

4. 螺钉旋具用于装拆头部开槽的__________，其规格以__________的长度表示。

5. 扳手用来装拆__________形、__________形螺钉及各种____________。

6. 螺纹连接的配合精度分为____________、____________和____________三种。

7. 螺纹连接防松主要用于有__________或__________的场合。按工作原理不同，螺纹连接防松可分为____________________防松、____________________防松和____________________防松三种类型。

8. 常用的拧紧双头螺柱的方法有____________拧紧、__________拧紧和用专用工具拧紧。

### 二、判断题（正确的打“√”，错误的打“×”）

1. 双头螺柱连接主要用于连接件较厚而又需经常装拆的场合。（　　）
2. 使用通用扳手时，为避免损坏扳手，应让其活动钳口承受主要作用力。（　　）
3. 在受结构限制用其他扳手无法装拆或为了节省装拆时间时应采用套筒扳手。（　　）
4. 套筒扳手由一套尺寸相同的梅花套筒组成。（　　）
5. 弹簧垫圈防松一般用于工作较平稳、不经常装拆的场合。（　　）
6. 螺纹连接因锈蚀难以拆卸时，采用煤油浸润后较易拆卸。（　　）

### 三、选择题（将正确答案的代号填入括号内）

1. 因工作空间狭小，不能容纳普通扳手时，可采用（　　）。
   A. 套筒扳手　　B. 整体扳手　　C. 扭力扳手
2. 机械防松装置包括（　　）防松。
   A. 止动垫圈　　B. 弹簧垫圈　　C. 锁紧螺母
3. 拧紧呈矩形布置的成组螺母或螺钉时，应从（　　）扩展。
   A. 左端开始向右端　　B. 右端开始向左端　　C. 中间开始向两边对称

## 四、简答题

1．螺纹连接防松装置采用的具体方法有哪些？

2．简述双头螺柱的装配要点。

3．螺母、螺钉的装配应注意哪些要点？

# §5–2　键连接的装配

## 一、填空题（将正确答案填写在横线上）

1．键是用来连接______和轴上________，用于________以传递扭矩的一种机械零件。

2．根据结构特点和用途不同，键连接可分为____________连接、____________连接和

________连接三大类。

3．松键连接包括________连接、________连接、________连接及滑键连接等。

4．楔键连接分为________连接和________连接两种，多用于________要求不高、转速________的场合。

5．普通平键连接常用于高精度，传递________载荷、冲击及____________扭矩的场合。

6．按工作方式分，花键连接有______连接和______连接两种；按齿廓形状分，花键可分为______花键和______花键两类。

7．静连接花键装配时，套件应在花键轴上固定，故有少量__________。过盈量较小时，可用__________轻轻敲入；过盈量较大时，应将套件加热至________℃后再进行装配。

**二、判断题（正确的打“√”，错误的打“×”）**

1．松键连接在键长方向与轴槽、键的顶面与轮毂槽之间应留有间隙。（　　）

2．装配紧键时，要用涂色法检查键两侧面与轴槽或轮毂槽的接触情况。（　　）

3．花键连接适用于小载荷和同轴度要求较低的连接。（　　）

4．紧键连接多用于同轴度要求不高、转速较低的场合。（　　）

**三、选择题（将正确答案的代号填入括号内）**

1．松键连接能保证与轴上零件有较高的（　　），在高速精密连接中应用较多。

A．同轴度　　B．平行度　　C．垂直度

2．松键连接各种不同配合性质是靠改变（　　）的极限尺寸获得的。

A．键　　B．轴槽　　C．轴槽、轮毂槽

3．动连接装配花键时，套件在花键轴上（　　）。

A．固定不动　　B．自由滑动　　C．自由转动

4．楔键连接中，键侧与键槽间有一定的（　　）。

A．间隙　　B．过盈　　C．间隙或过盈

5．对于钩头楔键，不应使钩头紧贴套件端面，必须留有一定距离，以便（　　）。

A．装配　　B．拆卸　　C．测量

**四、简答题**

1．简述花键连接的特点。

2．简述松键连接的装配要点。

## §5–3　销连接的装配

**一、填空题（将正确答案填写在横线上）**

1．销连接在机械中主要起__________、__________和__________作用。
2．圆柱销一般靠______固定在销孔中，用以______和______。
3．圆锥销具有______的锥度，定位准确，可______装拆而不影响定位精度。
4．圆柱销不宜______________，否则会降低定位精度和连接的______________。

**二、判断题（正确的打“√”，错误的打“×”）**

1．钻削圆锥销孔时应按小端直径选择钻头。（　　）
2．为保证定位精度和连接的紧固性，圆柱销宜多次装拆，而圆锥销不宜多次装拆。（　　）

**三、选择题（将正确答案的代号填入括号内）**

1．圆锥销以（　　）和长度表示其规格。
A．小端直径　　B．大端直径　　C．中间直径
2．铰削圆锥销孔时，孔径大小以锥销长度的（　　）左右能自由插入为宜。
A．50%　　B．80%　　C．100%

## 四、简答题

简述圆柱销的装配要点。

# §5–4　过盈连接的装配

## 一、填空题（将正确答案填写在横线上）

1．按过盈量大小不同，圆柱面过盈连接常用的装配方法有__________法、__________法和__________法等。

2．圆锥面过盈连接是利用______和______之间产生相对轴向位移来实现的，主要用于轴端连接。

## 二、判断题（正确的打“√”，错误的打“×”）

1．对细长件或薄壁件的过盈连接，装配时应垂直压入。（　　）

2．为避免因过盈量的减小或丧失而使配合松动，圆柱面过盈连接一般不进行拆卸。（　　）

## 三、选择题（将正确答案的代号填入括号内）

1．过盈连接装配，当过盈量及配合尺寸较小时，一般在常温下采用（　　）装配。

A．压入法　　B．热胀法　　C．冷缩法

2．热胀法是将（　　）加热。

A．孔　　B．轴　　C．孔、轴同时

3．冷缩法是使（　　）冷缩。

A．孔　　B．轴　　C．孔、轴同时

## 四、简答题

1．什么是过盈连接？

2．圆柱面和圆锥面实现过盈连接有什么不同？分别用什么方法装配？

# 第六章　传动机构的装配

## §6-1　带传动机构的装配

### 一、填空题（将正确答案填写在横线上）

1. 根据传动原理不同，带传动可分为______和______两大类，前者可实现_________，但传动比不准确；后者可保证________。

2. 摩擦型带传动分为___________、___________、圆形带传动等；啮合型带传动主要指___________传动。

3. 一般带轮孔与轴为_______配合，其_______较高。

4. 两带轮的轴线应________，相对应V形槽的对称平面应________，其误差不得超过_______。

5. 用张紧力调整装置的原理是靠改变两带轮的_______来调整张紧力，当两带轮的中心距不可改变时，可应用_______来调整张紧力。

6. 带轮与轴装配后，要检查带轮外圆___________________和垂直于轮槽工作面基准直径处的___________________，还要检查两带轮_________是否正确。

7. 安装V带时不得强行撬入，应先将中心距调____，待V带进入轮槽后再进行张紧，通常先套装____带轮，后套装____带轮。

### 二、判断题（正确的打“√”，错误的打“×”）

1. 带传动张紧力不足，带将在带轮上打滑，使带急剧磨损。（　　）
2. 更换V带时，应将一组V带同时更换，不得新旧混用。（　　）
3. 若张紧力过大，带、轴和轴承都将迅速磨损。（　　）
4. V带拉长在正常范围内时，可通过调整中心距进行张紧。（　　）

### 三、选择题（将正确答案的代号填入括号内）

1. 一般带轮孔与轴为（　　）配合。

A. 间隙　　B. 过渡　　C. 过盈

2. 传动带工作一定时间后，因塑性变形，张紧力（　）。

A. 减小　　B. 增大　　C. 不变

3. 摩擦型带传动不包括（　　）。

A. V带传动　　B. 平带传动　　C. 同步带传动

4. 在实际装配中，常根据经验来控制或检查张紧力的大小。对中心距中等的一般V带传动，可用拇指按在 V 带与带轮两切点的中间处，以能将 V 带按下（　　）mm 左右为宜。

A．10　　　　B．15　　　　C．20

**四、简答题**

1．带传动机构的装配有哪些技术要求？

2．为什么要调整传动带的初拉力？

## §6–2　链传动机构的装配

**一、填空题（将正确答案填写在横线上）**

1．链传动机构能保证准确的__________，适用于______传动要求或温度变化______的场合。

2．常用的传动链有__________链和__________链。

3．套筒滚子的接头形式有______________、______________和____________。

4．对于精密滚子链传动必须用百分表检测链轮齿根圆的____________和齿部______________。

5．链传动机构常见的损坏形式有_______________、_____________、链轮轮齿个别折断和____________等。

**二、判断题（正确的打“√”，错误的打“×”）**

1．链条过松，易产生振动或脱链现象。（　　）

2．用弹性锁片连接链条时，应使开口端方向与链条的速度方向相反。（　　）

3．过渡链节适用于链节为偶数时的链条接合。（　　）

4．齿形链条必须先套在链轮上，用拉紧工具拉紧后再进行连接。（　　）

**三、选择题（将正确答案的代号填入括号内）**

1．两链轮之间轴向偏移量必须在要求范围内，一般当两链轮中心距小于 500 mm 时，要求轴向偏移量在（　　）mm 以内。

A．1　　　　　　B．2　　　　　　C．3

2．使用链节为奇数的链条时，应采用（　　）固定活动销轴。

A．开口销　　　　　　B．弹性锁片　　　　　　C．过渡链节

3．对于链条两端的接合，如两轴中心距可调节且链轮在轴端时，可以（　　）。

A．预先接好，再装到链轮上

B．用专用的拉紧工具拉紧

C．两者皆可

**四、简答题**

1．链传动有哪些装配技术要求？

2．套筒滚子链链条两端接头如何连接？连接时应注意哪些问题？

## §6–3　齿轮传动机构的装配

**一、填空题（将正确答案填写在横线上）**

1．齿轮传动是依靠轮齿间的__________来传递__________和__________的。

2．装配圆柱齿轮传动机构时，一般先把齿轮装在________上，再把齿轮轴组件装入________。

3．齿轮的啮合质量要求包括适当的__________和一定的____________以及正确的____________。

4．齿轮轴组件装入箱体后的装配质量检验包括____________的检验和____________

的检验。

5．齿侧间隙检验常用的方法有__________检验法和__________检验法两种。

6．当一对标准的锥齿轮传动时，必须使两齿轮分度圆锥______________、两锥顶______________。

7．锥齿轮啮合质量的检验包括____________的检验和接触斑点的检验。接触斑点检验一般用__________。在空载时，接触斑点应靠近轮齿________端；满载时，接触斑点在齿高和齿宽方向应不少于__________（随齿轮精度而定）。

**二、判断题（正确的打“√”，错误的打“×”）**

1．在轴上固定的齿轮，与轴的配合有少量的过盈，装配时需加一定的外力。（　　）

2．压装齿轮时要尽量避免齿轮偏心、歪斜和端面未紧贴轴肩等安装误差。（　　）

3．渐开线圆柱齿轮啮合时出现同向偏接触的原因是两齿轮轴线相对歪斜。（　　）

4．接触斑点检验一般用涂色法。（　　）

5．齿侧间隙是指齿轮副工作表面法线方向距离。（　　）

6．两齿轮的啮合侧隙与中心距偏差无关。（　　）

**三、选择题（将正确答案的代号填入括号内）**

1．在轴上固定的齿轮，当过盈量很大时，采用（　　）装配。

A．敲击法　　B．压入法　　C．压力机

2．用压铅丝法检查齿侧间隙，在齿宽两端的齿面上平行放置两条（宽齿应放置 3 ~ 4 条）直径不超过最小间隙（　　）倍的铅丝，转动齿轮挤压铅丝，铅丝被挤压后最薄处的厚度尺寸就是齿侧间隙。

A．3　　B．4　　C．5

3．齿轮上接触斑点面积的大小应该随齿轮精度而定。接触斑点分布的位置应是位于节圆处（　　）。

A．下方一侧　　B．上方一侧　　C．上下对称

4．锥齿轮传动机构装配时，小锥齿轮轴向位置按（　　）确定。

A．大锥齿轮　　B．安装距离　　C．经验

5．在无载荷时，两锥齿轮接触斑点应靠近轮齿（　　）。

A．小端　　B．中间　　C．大端

**四、简答题**

1．简述齿轮传动机构的装配技术要求。

2．齿轮轴组件装入箱体前，应对箱体进行哪些项目的检查？

## 五、计算题

1．如图 6–1 所示，心棒直径 $d_1$=20.02 mm，$d_2$=24.02 mm，测得 $L_1$=122.12 mm，$L_2$=122.08 mm，求中心距 $A$。

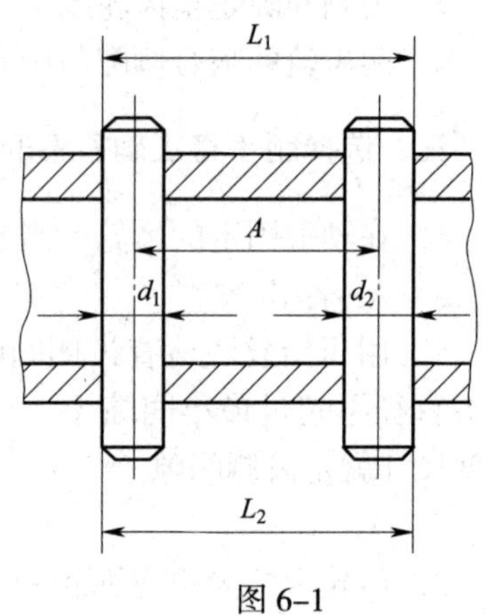


图 6–1

2．观察如图 6–2 所示箱体孔，试根据测得的尺寸求两孔中心距 $A$ 及平行度误差。

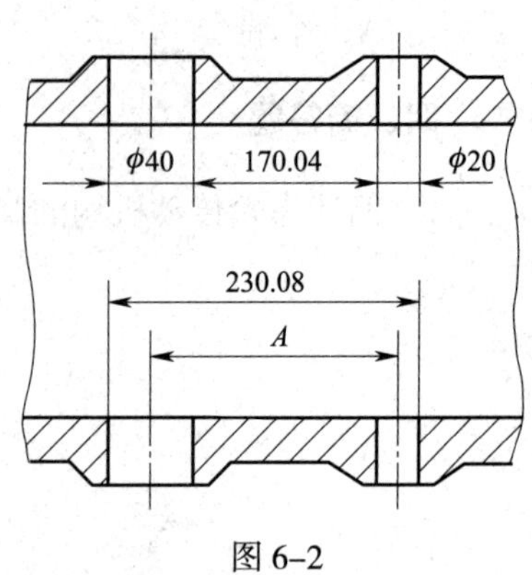


图 6–2

## § 6–4　蜗杆蜗轮传动机构的装配

### 一、填空题（将正确答案填写在横线上）

1. 蜗杆蜗轮传动机构用来传递__________的空间交错两轴之间的运动和动力。

2. 装配蜗杆蜗轮传动机构时，通常要先对蜗杆箱体上蜗杆轴孔中心线与蜗轮轴孔中心线的__________和__________进行检验。

3. 蜗杆蜗轮传动机构的装配顺序一般是先装__________，后装__________。

4. 检验蜗轮的轴向位置及接触斑点时，一般用____________检验其啮合质量，用____________检验其齿侧间隙。

### 二、判断题（正确的打"√"，错误的打"×"）

1. 接触正确的蜗杆蜗轮传动机构，其接触斑点应在蜗轮轮齿中部稍偏于蜗杆旋入方向。（　　）

2. 对于不重要的蜗杆蜗轮传动机构，可以用手转动蜗杆，根据其空程量的大小来判断齿侧间隙的大小。（　　）

3. 蜗杆蜗轮传动机构的传动效率较高，工作时发热大，需要有良好的润滑。（　　）

### 三、选择题（将正确答案的代号填入括号内）

1. 蜗杆蜗轮传动机构装配后，蜗轮在任何位置上，用手旋转蜗杆所需的转矩（　　）。

A. 均应相同　　B. 大小不同　　C. 相同或不同

2. 大型蜗轮磨损或划伤后，为了节约材料，一般采用更换（　　）法修复。

A. 蜗轮轮缘　　B. 蜗轮　　C. 蜗杆

3. 用涂色法检验蜗杆蜗轮传动机构啮合质量时，先将红丹粉涂在（　　）的螺旋面上，并转动蜗杆，可在蜗轮轮齿上获得接触斑点。

A. 蜗轮　　B. 蜗杆　　C. 蜗杆或蜗轮

### 四、简答题

1. 蜗杆蜗轮传动机构的装配技术要求有哪些？

2．蜗杆蜗轮传动机构啮合后，齿面上的接触斑点应怎样才算正确？

## §6–5　螺旋传动机构的装配

**一、填空题（将正确答案填写在横线上）**

1．螺旋副的配合间隙分为________间隙和________间隙两种。

2．进给丝杠双螺母消隙机构有__________消隙、__________消隙和__________消隙三种形式。

3．为了能准确而顺利地将旋转运动转换为直线运动，螺旋副必须__________，丝杠轴线必须与__________平行。

4．丝杠的回转精度是指丝杠的____________和______________的大小。装配时，主要通过正确安装丝杠两端的______________来保证。

**二、判断题（正确的打“√”，错误的打“×”）**

1．螺旋传动机构具有传动精度高、工作平稳、无噪声、易于自锁、能传递较大的转矩等特点。（　　）

2．径向间隙不能直接反映丝杠螺母的配合精度。（　　）

3．弯曲的丝杠常用矫正法修复。（　　）

4．螺母磨损通常比丝杠迅速，因此常需要更换。（　　）

**三、选择题（将正确答案的代号填入括号内）**

1．保证螺旋副传动精度的主要因素是（　　）。

A．螺纹精度　　B．配合过盈　　C．配合间隙

2．丝杠螺母的（　　）直接影响其传动的准确性。

A．轴向间隙　　B．径向间隙　　C．松紧度

3．螺旋副轴线的同轴度及丝杠轴线与基准面的（　　）应符合规定要求。

A．平行度　　B．同轴度　　C．垂直度

4．为了保证丝杠螺母副的使用寿命，螺母常用耐磨材料制成，为了节约材料，通常将壳体做成（　　）的。

A．铸铁　　B．青铜　　C．钢

## 四、简答题

1. 什么是丝杠回转精度？应怎样保证？

2. 丝杠螺母传动机构的装配技术要求是什么？

# §6–6 联轴器和离合器的装配

## 一、填空题（将正确答案填写在横线上）

1. 联轴器和离合器是机械传动中的常用部件，大多数已标准化，主要用于连接两轴，传递________和________。

2. 按结构形式和特性分，联轴器可分为____________、____________、____________三大类。

3. 离合器是一种能使主、从动部分在同轴上传递________或________，具有结合或分离功能的装置，常用的有________和________两种。

4. 摩擦离合器是靠接触面的________________来传递转矩的，特点是结合平稳，可起安全保护作用，但结构复杂，应经常调整。根据摩擦表面的形状可分为__________及__________摩擦离合器等类型。

## 二、判断题（正确的打“√”，错误的打“×”）

1. 在机器运转过程中，联轴器可随时实现两连接轴的分离和接合。（　　）
2. 牙嵌式离合器靠啮合的牙面来传递转矩，结构简单，但有冲击。（　　）

## 三、选择题（将正确答案的代号填入括号内）

1. 圆锥式摩擦离合器装配后，用涂色法检查时，其斑点应（　　）。

A. 靠近锥底　　　　B. 靠近锥顶

C. 均匀分布在整个圆锥表面上

2. 片式摩擦离合器出现严重擦伤时，应采用（　　）的方法修复。

A. 更换　　B. 调平　　C. 磨削

**四、简答题**

1. 简述十字滑块联轴器的装配要求。

2. 简述圆锥摩擦离合器的装配要点。

## § 6–7　液压传动机构的装配

**一、填空题（将正确答案填写在横线上）**

1. 液压传动是以具有一定压力的＿＿＿＿＿＿作为工作介质来传递＿＿＿＿＿＿和＿＿＿＿＿＿的。

2. 液压传动装置通常由＿＿＿＿＿、＿＿＿＿＿、＿＿＿＿＿和管道等组成。

3. 液压泵是将＿＿＿＿＿能转变为＿＿＿＿＿能的能量转换装置。常用的液压泵有＿＿＿＿＿泵、＿＿＿＿＿泵和＿＿＿＿＿泵。

4. 液压缸是液压系统中的＿＿＿＿＿机构，是把液压泵输出的＿＿＿＿＿＿能转变为＿＿＿＿＿能的能量转换装置。

5. 液压缸的形式主要有＿＿＿＿式液压缸、＿＿＿＿式液压缸和＿＿＿＿式液压缸。

6. 压力阀是用来控制液压系统中＿＿＿的元件，常用的有＿＿＿阀和＿＿＿阀。

7. 管道是用来输送＿＿＿＿＿＿的辅助装置。它由＿＿＿＿、＿＿＿＿、＿＿＿＿和衬垫等零件组成。

**二、判断题（正确的打“√”，错误的打“×”）**

1. 安装液压泵时，液压泵与电动机之间应有较高的平行度精度。（　　）

2. 装配液压缸时，应严格控制液压缸缸体与活塞之间的配合间隙。（　　）

3．泄漏会引起液压系统工作压力失常和压力不足。 （ ）

4．如果空气混入液压系统就会引起爬行。 （ ）

## 三、选择题（将正确答案的代号填入括号内）

1．液压缸在机床上安装时，要保证其与机床导轨的（ ）。

A．平行度　　B．同轴度　　C．直线度

2．液压传动装置中的管道属于液压系统的（ ）。

A．执行装置　　B．变换装置　　C．辅助装置

## 四、简答题

1．简述液压泵的装配要点。

2．简述液压缸的装配要点。在装配时，要做哪些性能试验？

3．简述压力阀的装配要点。对性能试验有哪些要求？

4．管道连接在损坏时应如何修复？

# 第七章　轴承和轴组的装配

## §7–1　滑动轴承的装配

### 一、填空题（将正确答案填写在横线上）

1．轴承的主要功能是确定旋转轴与轴上零件的__________运动位置，起____________________作用，减少轴与支承间的摩擦和磨损。

2．按轴承与轴工作表面间摩擦性质的不同，轴承有________轴承和________轴承两类。

3．按摩擦状态不同，滑动轴承可分为__________轴承和__________轴承。

4．滑动轴承的结构形式常见的有____________滑动轴承、____________滑动轴承、____________滑动轴承和多瓦式自动调位轴承。

5．滑动轴承装配的技术要求主要是在轴颈与轴承之间获得合理的__________，以保证轴颈与轴承的__________，使轴颈在轴承中旋转__________。

6．剖分式滑动轴承的装配要点是上、下轴瓦与__________应接触良好，同时轴瓦的台肩应紧靠轴承座__________，轴瓦孔与轴应进行__________。

### 二、判断题（正确的打“√”，错误的打“×”）

1．滑动轴承是指工作时仅发生滑动摩擦的轴承。（　　）

2．滑动轴承能承受较大的冲击负荷，多用于精密、高速及重载的场合。（　　）

3．滑动轴承的装配方法取决于它们的结构形式。（　　）

### 三、选择题（将正确答案的代号填入括号内）

1．内柱外锥式滑动轴承内径的大小（　　）调整。

A．可以　　B．不可以　　C．难以

2．整体式滑动轴承装配后，应保证轴颈与轴套之间有良好的（　　）配合。

A．间隙　　B．过盈　　C．过渡

3．当多瓦式滑动轴承的工作表面因抱轴烧伤或磨损较严重时，可通过（　　）对轴承的内表面进行修复。

A．研磨　　B．刮研　　C．研磨或刮研

**四、简答题**

1．简述剖分式滑动轴承的装配要点。

2．滑动轴承的损坏形式有哪些？应如何修复？

## §7–2　滚动轴承的装配

**一、填空题（将正确答案填写在横线上）**

1．滚动轴承一般由__________、__________、__________和保持架组成。

2．滚动轴承的内圈和轴颈为________配合，外圈和轴承座孔为________配合，其装配方法应视轴承________和________来选择。

3．一般滚动轴承的装配方法有___________法、___________法、___________法和液压套合法等。

4．装配不可分离型轴承时，应按座圈的配合松紧程度来决定其_______________与_______________。

5．装配可分离型轴承时，可分别将___________和___________一起装入轴上，_____装入轴承座孔中，装配时，仍按其_______来选择装配方法和工具。

6. 装配推力球轴承时，应使紧圈靠在________零件的端面上，松圈靠在________零件的端面上。

7. 滚动轴承游隙分________游隙和________游隙两种。

8. 滚动轴承游隙的调整方法有________法和________法等。

9. 滚动轴承的预紧方法有____________________预紧、____________________预紧、____________________预紧等几种。

10. 滚动轴承的失效形式有________、________、腐蚀、电蚀、________、断裂和开裂等。

## 二、判断题（正确的打“√”，错误的打“×”）

1. 滚动轴承具有许多优点，使用滚动轴承比使用滑动轴承效果好。（ ）
2. 确定滚动轴承座圈的装配顺序时一般遵循先紧后松的原则。（ ）
3. 采用锤击法压入轴承时，可用锤子直接敲击轴承座圈。（ ）
4. 若轴承内、外圈装配的松紧程度相同，应先把轴承内圈压入轴颈。（ ）
5. 装配推力球轴承时，一定要注意不能将松圈和紧圈装反。（ ）
6. 滚动轴承游隙的大小常采用使轴承的内、外圈做适当轴向相对位移的方法来调整。（ ）
7. 预紧能提高轴承在工作状态下的刚度和旋转精度。（ ）
8. 对于尺寸和过盈量较小、不需经常拆卸的轴承，常采用液压套合法进行装配。（ ）

## 三、选择题（将正确答案的代号填入括号内）

1. 压装轴承座圈时，严禁将力直接作用在（ ）上。
   A．内圈　　B．外圈　　C．滚动体
2. 用热装法压入轴承时，轴承要放在油中加热至（ ）℃后和常温状态的轴配合。
   A．50 ~ 70　　B．60 ~ 80　　C．80 ~ 100
3. 当轴承内圈与轴配合较紧，轴承外圈与轴承座孔配合较松时，应将轴承（ ）。
   A．外圈先压入壳体孔中　　B．内圈先装在轴上
   C．内圈和外圈同时压装
4. 在成对安装的轴承之间配置不同厚度的间隔套，可得到（ ）的预紧力。
   A．相同　　B．不同　　C．一定
5. 承受载荷较大、旋转精度要求（ ）的滚动轴承需要在装配时进行预紧。
   A．较低　　B．较高　　C．一般

## 四、名词解释

1. 滚动轴承的游隙

2. 滚动轴承的预紧

五、简答题

1. 滚动轴承的装配技术要求有哪些？

2. 为什么滚动轴承的游隙不能太大或太小？

## §7-3 轴组的装配

一、填空题（将正确答案填写在横线上）

1. 轴组装配的主要内容包括将轴组装入箱体中，进行____________、____________、____________、____________和轴承润滑装置的装配等。

2. 轴承的径向固定是靠外圈与壳体孔的________来实现的；轴承的轴向固定有____________固定和____________固定两种基本方式。

3. 主轴部件是机床的关键部分，工作时承受很大的________，加工工件的精度和表面粗糙度在很大程度上取决于主轴部件的________和________。

4．主轴部件的精度是指它在装配及调整之后的__________精度，包括主轴的________、__________以及主轴旋转的_________和_________。

5．主轴轴组预装调整的目的是检查组成主轴轴组的各零件件能否达到规定的__________________，同时，空箱便于_________，修刮箱体底面比较方便，易于保证底面与床身结合面的良好接触以及主轴轴线对床身导轨的_________。

6．主轴轴组试车调整时，一般要求主轴从低速到高速_____时间不超过 2 h，在最高速的运转时间不少于_____min，一般温升不超过_____℃。

## 二、判断题（正确的打“√”，错误的打“×”）

1．采用一端双向固定方式的滚动轴承，工作时不会产生轴向窜动，但轴受热时能自由地向一端伸长。（　　）

2．采用定向装配法装配前，应对主轴及轴承等主要配合零件进行测量，确定误差值和方向并做好标记。（　　）

3．主轴轴承的调整顺序一般是先调整游动支承，再调整固定支承。（　　）

4．主轴前、后轴承的调整顺序是先调整后轴承，再调整前轴承。（　　）

5．主轴的间隙一般应在机床温升稳定后再进行调整。（　　）

## 三、选择题（将正确答案的代号填入括号内）

1．滚动轴承两端单向固定，限制了轴的（　　）。

A．径向移动　　B．轴向转动　　C．轴向移动

2．按定向装配法装配后的轴承，应保证其内圈与轴颈不再发生相对（　　）。

A．转动　　B．移动　　C．转动或移动

3．滚动轴承两端单向固定时，为避免轴受热伸长，在右端轴承外圈与轴承盖间留有（　　）的间隙，间隙的大小可通过调整垫片组的厚度来调整。

A．2 ~ 3 mm　　B．1 ~ 2 mm　　C．一定

4．定向装配时，主轴后轴承的精度应比前轴承低一级。如果前、后轴承精度相同，主轴的径向圆跳动量（　　）。

A．不变　　B．减小　　C．增大

## 四、名词解释

1．轴组

2．定向装配法

## 五、简答题

1．怎样检查车床主轴的径向圆跳动误差？

2．滚动轴承的轴向固定有哪两种方式？

3．简述主轴定向装配的装配要点。

# 第八章　卧式车床及其总装配

## §8-1　金属切削机床型号

### 一、填空题（将正确答案填写在横线上）

1．金属切削机床型号是机床的＿＿＿＿＿＿，用以表明金属切削机床的＿＿＿＿＿、＿＿＿＿＿、＿＿＿＿＿等。

2．机床型号由大写＿＿＿＿＿字母及＿＿＿＿＿数字按一定规律组合而成。

3．在机床类代号中，C 表示＿＿＿，Z 表示＿＿＿，X 表示＿＿＿，M 表示＿＿＿。

4．在机床通用特性代号中，Z 表示＿＿＿＿，H 表示＿＿＿＿＿＿，K 表示＿＿＿＿＿，M 表示＿＿＿。

### 二、判断题（正确的打“√”，错误的打“×”）

1．机床主参数表示机床规格大小并反映机床最大工作能力。（　　）

2．机床的类别代号包括类代号和分类代号。（　　）

3．如某类机床仅有通用特性，而无普通型时，则通用特性也应表示。（　　）

4．机床型号 CG6125B 中的“B”表示 CG6125 型高精度卧式车床的第二次重大改进。（　　）

### 三、名词解释

1．CA6140

2．CK6140

3．Z4012

4．Z5025

5．Z3040×16

## 四、简答题

说明机床通用型号的构成。

# §8-2　CA6140 型卧式车床概述

## 一、填空题（将正确答案填写在横线上）

1．车床的运动按功用来分，可分为________运动和________运动。

2．CA6140 型卧式车床主要由______箱、______箱、______箱、______、______、光杠、丝杠等组成。

3．车刀的纵向进给运动是指刀具沿_______于工件中心线方向的移动。

4．车刀的横向进给运动是指刀具沿______于工件中心线方向的移动。

## 二、判断题（正确的打“√”，错误的打“×”）

1．为实现机床的辅助工作而必需的运动称为辅助运动。（　　）

2．丝杠的作用是将进给运动传给溜板箱，实现自动进给。（　　）

3．辅助运动包括刀具的移近和退回、工件的夹紧等。（　　）

4．CA6140 型卧式车床由单独电动机驱动刀架，以便实现纵向及横向的快速移动。（　　）

## 三、名词解释

1．工作运动

2. 辅助运动

**四、简答题**

卧式车床适用于哪些加工工作？

## §8–3 CA6140型卧式车床的传动系统

**一、填空题（将正确答案填写在横线上）**

1. 车床的主运动以______为动力，通过一系列__________的传动联系，使主轴得到不同的______。

2. 车床的进给运动由________开始，通过各种传动联系，使刀架产生_______、______运动。

3. CA6140型卧式车床主运动是将电动机的转动传给__________，该传动链使______获得24级正转转速和12级反转转速。同时，完成主轴的________、________、________和调速。

4. 进给运动传动链可使刀架实现________、________运动或车削螺纹运动。

**二、判断题（正确的打"√"，错误的打"×"）**

1. CA6140型卧式车床主轴的换向是由双向多片式摩擦离合器实现的。（ ）

2. CA6140型卧式车床能车削公制、模数制和径节制等标准螺纹，不能车削英制螺纹。（ ）

3. CA6140型卧式车床能实现纵向机动进给和横向机动进给。（ ）

4. 机床的溜板箱内右端装有快速电动机，可使刀架快速移动。（ ）

## 三、简答题

写出 CA6140 型卧式车床主运动传动结构式。

# §8–4　常用装配测量器具

## 一、填空题（将正确答案填写在横线上）

1. 平尺主要用作导轨的＿＿＿＿＿＿和＿＿＿＿＿＿的基准，常用的有＿＿＿＿＿＿平尺、＿＿＿＿＿＿平尺和＿＿＿＿＿＿平尺三种。

2. 垫铁的主要作用是＿＿＿＿＿＿＿＿＿＿＿＿＿＿＿＿＿＿＿＿＿＿＿＿＿。

3. 检验棒主要用来检查机床主轴及套筒类零部件的＿＿＿＿＿＿＿、＿＿＿＿＿＿＿、＿＿＿＿＿＿和平行度等。

4. 检验桥板是检验机床导轨面间＿＿＿＿＿精度的一种工具，一般与＿＿＿＿＿＿、＿＿＿＿＿＿结合使用。

5. 水平仪是一种利用水准器气泡＿＿＿＿来测量被测平面相对水平面微小倾角的角度测量仪器，主要用来测量机床导轨在垂直平面内的＿＿＿＿＿、工作台的＿＿＿＿＿＿及零件的垂直度和平行度等，有条形水平仪、＿＿＿＿＿＿和合像水平仪等。

6. 水平仪常用的读数方法有＿＿＿＿＿＿法和＿＿＿＿＿＿法两种。

7. 水平仪是一种＿＿＿＿量仪，它的测量结果是被测面相对水平面的＿＿＿＿＿＿。

## 二、判断题（正确的打“√”，错误的打“×”）

1. 水平仪横向放在车床导轨上，用于测量导轨的直线度。（　　）

2. 检验棒用完要清洗、涂油，并水平保存。（　　）

3. I 字形平尺有两个互相平行的工作面。（　　）

## 三、选择题（将正确答案的代号填入括号内）

1. 用水平仪检验车床导轨的倾斜方向时，若气泡移动方向与水平仪移动方向一致，表示车床导轨（　　）。

A. 向上倾斜　　B. 向下倾斜　　C. 水平

2. 用水平仪测量导轨铅垂平面内直线度时，应将水平仪置于（　　）上。

A. 被测表面　　B. 垫铁　　C. 被测表面或垫铁

3. 当导轨直线度误差曲线呈单凸（或单凹）时，应采用（　　）确定其最大误差格数及误差曲线形状。

A. 两端点连线法　　B. 最小区域法

C. 两端点连线法或最小区域法

## 四、计算题

1. 机床导轨长 1 600 mm，用精度为 0.02 mm/1 000 mm 的水平仪分 8 段测量导轨在铅垂平面内的直线度误差，测得结果（格数）依次如下：+1、+0.5、+1、0、+1、−2、0、0.5。

（1）作出直线度误差曲线图。

（2）计算直线度线性误差值。

2. 机床导轨长 1 600 mm，导轨全长直线度公差为 0.02 mm，用精度为 0.02 mm/1 000 mm 的水平仪分 8 段测量导轨在铅垂平面内的直线度误差，测得结果（格数）依次如下：+1、+2、+1、+0.5、0、−1、−1、−0.5。

（1）作出直线度误差曲线图。

（2）计算直线度线性误差值，并判断机床导轨是否合格。

## §8–5 卧式车床的总装配

**一、填空题（将正确答案填写在横线上）**

1．床身导轨是______移动的导向面，是保证______移动直线性的关键。

2．导轨的精加工有________法、________法和________法三种。

3．卧式车床的总装配包括床身与床脚的安装，________________，______________箱、________箱及________箱的安装，________的安装，丝杠和光杠的安装及小滑板的安装等。

4．燕尾导轨配镶条的目的是使刀架横向进给时有准确________，并能在使用过程中不断调整间隙，以保证足够__________。

5．刮研床鞍下导轨面达到垂直度要求的同时，还要保证横向与进给箱、托架安装面________，纵向与床身导轨________两项要求。

6．安装进给箱和后托架时，主要应保证进给箱、溜板箱、后托架上安装丝杠三孔的________度，并保证丝杠与床身导轨的________度。

**二、判断题（正确的打“√”，错误的打“×”）**

1．床身与床脚用螺钉连接，它是车床总装配的基准部件。（　　）

2．床鞍部件是保证刀架运动的关键。（　　）

3．溜板箱的安装位置对丝杠、螺母的正确啮合无直接影响。（　　）

4．安装齿条时主要应保证纵向进给小齿轮与齿条的啮合间隙。（　　）

5．安装主轴箱时以其底平面和凸块侧面与床身接触来保证正确的安装位置。（　　）

**三、选择题（将正确答案的代号填入括号内）**

1．刮削导轨时在每 25 mm × 25 mm 范围内的接触点数不少于（　　）点。

A．25　　B．20　　C．10

2．应用标准齿条对所安装的齿条进行跨接校正时，在两根相接齿条的接合端面之间应留有 0.5 mm 左右的（　　）。

A．间隙　　B．过盈　　C．间隙或过盈

3．车床主轴箱安装在床身上，应保证主轴轴线与床身导轨在垂直平面内的平行度，并要求主轴轴线（　　）。

A．只许向上偏　　B．只许向下偏　　C．只许前后偏

4．溜板箱应在床身（　　），防止丝杠挠度对测量的影响。

A．左端　　　　　　　　B．中间　　　　　　　　C．右端

5．在常态下检验主轴锥孔中心线和尾座套筒锥孔中心线对床身导轨的等高度时，要求尾座中心线应（　　）主轴中心线。

A．等于　　　　　　　　B．稍低于　　　　　　　　C．稍高于

6．在检验主轴轴线与床身导轨的平行度时，为消除检验心轴本身误差对测量的影响，测量时可将主轴旋转（　　）做两次测量，取其平均值。

A．90°　　　　　　　　B．180°　　　　　　　　C．90°或180°

**四、简答题**

1．简述床鞍与床身的装配要求、装配要点及测量方法。

2．简述溜板箱的安装及测量工艺。

## §8–6　卧式车床的试车和验收

**一、填空题（将正确答案填写在横线上）**

1．卧式车床的试车和验收一般包括____________________、____________________、____________________和____________________四个方面。

2．全负荷强度试验的目的是检验车床主传动系统能否输出设计所允许的最大__________

________和________________。

3. 精车外圆试验的目的是检验车床主轴的________精度及主轴轴线对床鞍移动方向的________度。

4. 精车端面试验的目的是检查车床在正常工作温度下，刀架横向移动轨迹对________的垂直度和________的直线度。

5. 精车螺纹试验的目的是检查车床________传动系统的________。

6. 一般机床的几何精度检验分两次进行，一次在________后进行，另一次在________后进行。

## 二、判断题（正确的打"√"，错误的打"×"）

1. 空运转试验是在机床不受负荷的状态下进行的运转试验。（ ）
2. 在进行机床工作精度检验前，应重新检查机床安装情况并将机床紧固。（ ）
3. 凡与主轴轴承温度有关的项目，应在主轴运转达到稳定温度后进行检验。（ ）
4. 车床总装配后可以不必试车直接进行验收。（ ）

## 三、选择题（将正确答案的代号填入括号内）

1. 在主轴轴承达到稳定温度时，滚动轴承的温度不得超过（ ）℃。

A. 60　　B. 70　　C. 80

2. 运转机床的主运动机构时，应从最低转速起依次运转，各级转速的运转时间不少于（ ）min，最高转速的运转时间不少于 30 min。

A. 2　　B. 5　　C. 10

## 四、简答题

1. 机床空运转试验有哪些要求？

2. 机床几何精度检验应注意哪些事项？

## § 8–7　卧式车床的修理

### 一、填空题（将正确答案填写在横线上）

1. 卧式车床大修的基本内容是将车床全部解体，修理________________件，更换或修理________________件，精磨、刮削或用其他加工方法修复全部导轨面，全面恢复车床________________要求。

2. 修理开合螺母副时，若开合螺母磨损严重，一般进行_______________。若丝杠局部磨损，可采用__________修复工艺。

3. 修复尾座孔时，磨损量小于______mm 时，可用研磨棒研磨修复；磨损量大于______mm 时，用可调式研磨棒修复；当磨损量为______mm 左右时，可通过珩磨方法修复。

### 二、判断题（正确的打“√”，错误的打“×”）

1. 车床主轴径向跳动、轴向窜动过大，会使工件加工表面粗糙。（　　）
2. 车床主轴轴承间隙太大时，会使加工工件的圆度超差。（　　）
3. 车削工件外圆产生锥度的原因主要是主轴轴线对床鞍移动的垂直度超差。（　　）
4. 车削工件端面产生中凸的原因主要是中滑板纵向移动对主轴轴线的垂直度超差。（　　）

### 三、简答题

车床大修可分为哪几个阶段？内容有哪些？

# 第九章　机械装置的润滑、密封与治漏

## §9-1　机械装置的润滑

### 一、填空题（将正确答案填写在横线上）

1．生产中常用的润滑剂包括＿＿＿＿、＿＿＿＿和＿＿＿＿等。

2．机床中需要润滑的机械装置主要包括＿＿＿＿、＿＿＿＿、＿＿＿＿、＿＿＿＿和＿＿＿＿等。

3．滑动轴承的润滑剂可根据轴颈＿＿＿＿和轴承的＿＿＿＿、＿＿＿＿和＿＿＿＿等进行选择，一般用＿＿＿＿和＿＿＿＿。

4．导轨因结构形式的不同，可分为＿＿＿＿、＿＿＿＿及滚动导轨。

### 二、判断题（正确的打“√”，错误的打“×”）

1．在温度变化大或高速场合下使用的滑动轴承应用润滑脂润滑。（　　）

2．高速运转的滑动轴承宜选用低黏度的主轴油。（　　）

3．滚动轴承润滑脂一般在装配时加入，且润滑脂的充填量不宜过多。（　　）

4．精密机床导轨滑行速度很慢，因此，润滑时使用一般的全损耗系统油即可。（　　）

5．因为变速箱内各种不同的摩擦副比较集中，所以一般均采用集中润滑方式。（　　）

6．高温环境下工作的链传动机构应选用黏度较大的机械油润滑。（　　）

### 三、选择题（将正确答案的代号填入括号内）

1．黏度等级大的机械油适用于（　　）的机械。

A．低速重载　　B．高速轻载　　C．低速轻载

2．滚动轴承润滑脂的充填量一般以占轴承内部空间的（　　）为宜。

A．1/3 ~ 1/2　　B．1/4 ~ 1/3　　C．1/5 ~ 1/4

3．适用于工作温度不高和潮湿场合的润滑脂是（　　）。

A．钙基润滑脂　　B．钠基润滑脂　　C．锂基润滑脂

### 四、简答题

1．润滑在机械装置中起什么作用？

2．常用的润滑方式有哪些？

## §9–2　机械装置的密封

### 一、填空题（将正确答案填写在横线上）

1．机械装置的密封是指采用适当措施以阻挡__________间接触处出现___________或___________的泄漏。

2．密封的类型主要有 ______ 密封和 ______ 密封两类。

3．在工作状态下，两零件间无相对运动，其结合面之间的密封称为 _____ 密封；两零件间有相对运动的结合面之间的密封称为 _____ 密封。

4．接触式密封有________密封、________密封和________密封等几种形式。

### 二、判断题（正确的打“√”，错误的打“×”）

1．靠密封面互相靠近或嵌入以减少或消除间隙而达到密封目的的密封方式是非接触式密封。（　　）

2．挡油环常用于减速器内的齿轮用油润滑、轴承用脂润滑时轴承的密封。（　　）

3．动密封的密封装置一般设置在轴承上或轴承的支承部位。（　　）

4．密封圈密封用于防止漏油时，密封唇应背对着轴承。（　　）

### 三、选择题（将正确答案的代号填入括号内）

1．非金属垫片密封适用于常温、（　　）场合。

A．高压　　B．低压　　C．中压和低压

2．毡圈密封装置因摩擦和磨损较大，（　　）时不能应用。

A．高速　　B．中速　　C．低速

3．毡圈密封装置密封处的圆周速度应不超过（　　）m/s，工作温度不得超过 90 ℃。

A．2 ~ 3　　B．4 ~ 5　　C．6 ~ 8

4．组合式密封适用于（　　）的密封部位，可提高密封效果。

A．重要　　B．精密　　C．一般

## 四、简答题

1．动密封有哪些类型？常采用哪些方法？

2．静密封有哪些类型？

3．密封在机械装置中的作用如何？

# § 9–3　机械设备的治漏

## 一、填空题（将正确答案填写在横线上）

1．通常将漏油划分为 ________、________ 和 ________ 三种形态。

2．漏油的检查主要指对 ______ 系统和 ______________ 系统漏油的检查。

## 二、判断题（正确的打“√”，错误的打“×”）

1．静结合面部位，每 30 min 滴 1 滴油时为渗油。　（　　）

2．静结合面部位，每 1 min 滴 5 滴油时为流油。　（　　）

3．在设备的内部不允许渗油，油也不得渗入电气箱和传动带上，不得滴落到地面，并能引回到油箱内。　（　　）

## 三、选择题（将正确答案的代号填入括号内）

无论是动结合面还是静结合面，每 2 ～ 3 min 滴 1 滴油时为（　　）。

A．滴油　　B．渗油　　C．流油

## 四、简答题

1．治漏一般应达到什么标准？

2．简述常用的治漏方法。

# 第十章 机 床 夹 具

## §10–1 机床夹具概述

**一、填空题（将正确答案填写在横线上）**

1. 机床夹具作为一种______________工件的工艺装备，广泛应用于______________、______________、____________等工艺中。

2. 机床夹具由____________、____________、____________、____________和其他元件及装置等几部分组成。

3. 夹紧装置的作用是将________压紧、夹牢，保证已确定的工件______在加工过程中不发生________。

4. 按夹具的通用特征，夹具可分为________________、________________、组合夹具和 ______________ 等。

**二、判断题（正确的打“√”，错误的打“×”）**

1. 定位元件的作用是使工件在夹具中占据正确的加工位置。（　　）

2. 钻套不能增加钻削时钻头的稳定性，但可以提高加工精度。（　　）

**三、简答题**

1. 什么是机床夹具?

2. 机床夹具在机械加工中起什么作用?

## §10–2　工件的定位

### 一、填空题（将正确答案填写在横线上）

1. 工件的定位是靠工件上某些______与夹具中的__________（或装置）相接触来实现的。

2. 定位方法和定位元件的选用，主要是根据工件__________和定位基准的__________，来确定定位支承点数目和布置方案，进而选定合适的定位元件，以保证工件______________和________________。

3. 工件以平面为定位基准时，所用的定位支承件可分为____________________支承和________________支承两类。

4. 工件以外圆柱面作定位基准时，常用的定位元件有______和________等。

### 二、判断题（正确的打“√”，错误的打“×”）

1. 工件如果不加任何约束和限制，它有四个自由度。（　　）
2. 长方体工件定位，往往选取工件上最大的表面作为主要定位基准面。（　　）
3. 只有限制了六个自由度，工件在夹具中的正确位置才能确定。（　　）
4. 工件被夹紧不动时，就属于完全定位。（　　）
5. 辅助支承仅与工件适当接触，不起定位作用。（　　）
6. 工件在夹具中定位时，不允许出现欠定位。（　　）
7. 基准不重合误差可以通过使定位基准与设计基准重合的方法予以消除。（　　）
8. 工件以圆柱孔定位时，常用的定位元件有定位心轴和定位销。（　　）

### 三、选择题（将正确答案的代号填入括号内）

1. 主要定位基准面能够限制工件的（　　）自由度。
   A. 一个移动、一个转动
   B. 一个移动、两个转动
   C. 两个移动、一个转动

2. 长 V 形架可限制工件（　　）个自由度。
   A. 2　　B. 3　　C. 4

3. 定位支承点的布置取决于工件的（　　）。
   A. 大小　　B. 加工要求　　C. 结构和形状

4. 利用已精加工且面积较大的平面定位时，应选用的基本支承是（　　）。
   A. 支承钉　　B. 支承板　　C. 自位支承

5. 工件定位时，所限制的自由度数目少于按加工要求所必须限制的自由度数目称为（　　）。
   A. 欠定位　　B. 不完全定位　　C. 过定位

## 四、名词解释

1. 定位

2. 定位基准

3. 六点定位原则

4. 完全定位

5. 过定位

## 五、简答题

1. 工件在夹具中定位时，定位基准的选择应注意哪些问题？

2. 工件以外圆柱面作定位基准时，常用哪几种定位方式？各有什么特点？

# §10-3　工件的夹紧

## 一、填空题（将正确答案填写在横线上）

1．夹紧装置由 _____ 装置、____________ 机构和_____________________机构三部分组成。

2．基本夹紧机构主要有________夹紧机构、________夹紧机构和________夹紧机构等。

3．夹紧力的确定包括夹紧力的 __________、__________ 和 __________ 三个要素。

## 二、判断题（正确的打“√”，错误的打“×”）

1．为保证夹紧可靠，夹紧力应尽可能大一些。（　　）

2．螺旋夹紧机构结构简单，夹紧和松开工件时省时省力。（　　）

## 三、选择题（将正确答案的代号填入括号内）

1．夹紧力的作用点应尽可能（　　）工件被加工表面，以提高定位稳定性和夹紧可靠性。

A．远离　　B．靠近

2．夹紧力应尽量（　　）工件的主要定位基准面，并作用在夹具的固定支承上。

A．平行于　　B．靠近　　C．垂直于

## 四、名词解释

1．夹紧

2．基本夹紧机构

## 五、简答题

1．对夹具中的夹紧装置有哪些基本要求？

2．夹紧力的选择为什么不能太大或太小？

## §10–4 钻床夹具

**一、填空题（将正确答案填写在横线上）**

常用的钻床夹具主要有__________式、__________式、__________式、__________式和__________式等几种类型。

**二、判断题（正确的打"√"，错误的打"×"）**

1. 在使用固定式钻床夹具过程中，钻床夹具和工件在机床上的位置固定不变。（　　）
2. 固定式钻床夹具常用于在立式钻床上加工较小的孔。（　　）
3. 移动式钻床夹具用于在单轴立式钻床上钻削大型工件同一表面上的多个孔。（　　）

**三、选择题（将正确答案的代号填入括号内）**

1. 对几个方向都有孔的中、小型工件，为了减少装夹次数，提高各孔之间的位置精度，可采用（　　）钻床夹具。

A．固定式　　B．回转式　　C．翻转式

2. 下列不属于固定式钻套的是（　　）。

A．无肩式钻套　　B．带肩式钻套　　C．斜面钻套

**四、名词解释**

钻床夹具

**五、简答题**

1. 钻床夹具的钻套有什么作用?

2. 常用的钻套有哪几种？各有什么特点？

# §10–5 组合夹具

## 一、填空题（将正确答案填写在横线上）

1. 组合夹具是由可反复使用的标准夹具零部件（或专用零部件）组装成易于______和________的夹具。

2. 组合夹具主要由____________件、____________件、__________件、__________件、__________件、__________件、辅助件和组合件八类元件组成。

3. 定位元件主要用于确定元件与元件、元件与工件之间的相互位置，以保证夹具的________________和工件的________________，同时增强元件之间的连接强度和整个夹具的________________。

4. 组合夹具的组装就是把组合夹具的____________和____________按一定的步骤和要求组装成加工所需夹具的过程。

## 二、判断题（正确的打“√”，错误的打“×”）

1. 采用组合夹具，工件加工精度一般可达 IT8 级。（　　）
2. 紧固件包括各种螺栓、螺钉、螺母和定位销等。（　　）
3. 压紧件的作用是将工件压紧在夹具上。（　　）

## 三、选择题（将正确答案的代号填入括号内）

下列不属于定位件的是（　　）。

A．定位销　　B．定位盘　　C．螺钉

## 四、简答题

1. 组合夹具的特点是什么？

2．简述组合夹具的一般组装步骤。

# 第十一章 数控机床及其装配

## §11-1 数控机床的特点及组成

### 一、填空题（将正确答案填写在横线上）

1. 数控机床的基本组成包括________、________、________、________、________和其他辅助装置。

2. 数控机床本体主要包括机床的______部件、______部件、______部件和______部件。

### 二、判断题（正确的打"√"，错误的打"×"）

1. 测量反馈系统是数控装置的核心。 （ ）
2. 应用数控机床加工工件，可以获得很高的加工精度。 （ ）
3. 数控机床比普通机床的生产效率高，且可以完成复杂型面的加工。 （ ）
4. 数控机床的执行部分是测量反馈系统。 （ ）

### 三、简答题

1. 数控机床具有哪些特点？

2. 试用框图表示数控机床的工作过程。

## § 11–2　数控机床的主要机械结构及特点

### 一、填空题（将正确答案填写在横线上）

1. 数控机床的机械结构主要由__________、__________、__________和辅助装置等部分组成。

2. 数控机床的主传动系统包括______________、____________及主运动执行件（主轴）等，其功用是将________的运动及动力传给执行件，以实现主切削运动。

3. 数控机床的进给传动系统包括______________、______________、_____________及进给运动执行件（工作台、刀架）等。

### 二、判断题（正确的打"√"，错误的打"×"）

数控机床进给传动系统的功用是将伺服驱动装置的运动与动力传给执行件，以实现进给切削运动。（　）

### 三、简答题

与普通机床相比，数控机床的主要机械结构有哪些特点？

# § 11–3　数控机床机械部分的装配

## 一、填空题（将正确答案填写在横线上）

1. 滚珠丝杠副是实现 ________ 运动与 ________ 运动相互转换的传动装置，具有 ________、________、________、________、________ 及可以预紧等优点。

2. 滚珠丝杠副常见的螺纹滚道型面的形状有________和________两种。

3. 按滚珠在整个循环过程中与丝杠表面的接触情况，滚珠的循环方式可分为________和________两种。

4. 滚珠丝杠副常用的调整预紧方法有________调隙、________调隙和________调隙三种。

5. 外循环方式中的滚珠在循环反向时，离开丝杠螺纹滚道，在螺母体内或体外做循环运动，常用的外循环方式有 ________、插管式和 ________。

6. 为减小齿轮侧隙，齿轮副常用的消隙措施有 ________ 调整法和 ________ 调整法。其中，采用 ________ 调整法调整后齿侧间隙可以自动补偿。

7. 按结构形式的不同，导轨分为________导轨、________导轨及________导轨三类。

8. 现代数控机床常采用的滚动导轨有________和________两种，________具有刚度高、承载能力强、便于拆装等特点。

9. 塑料滑动导轨摩擦因数小，且动、静摩擦因数差值很小，能防止________现象，耐磨性、抗撕裂能力强，加工性和化学稳定性好，工艺简单，成本低，并具有良好的________和________。

## 二、判断题（正确的打“√”，错误的打“×”）

1. 内循环方式的滚珠在循环过程中始终与丝杠表面保持接触。（　　）

2. 滚珠丝杠副必须用润滑油或锂基润滑脂进行润滑，以提高其耐磨性及传动效率。（　　）

## 三、简答题

1. 滚珠丝杠副常用的支承方式有哪几种？

2．滚动导轨的特点有哪些？

## §11-4　数控机床的维护

### 一、填空题（将正确答案填写在横线上）

1．数控机床是一种自动化程度高、加工精度高的先进加工设备，要做好维护及保养工作，以延长元器件的__________和零部件的______________，减少故障，提高数控机床的__________________，延长使用寿命。

2．数控机床不宜__________，长期不用会导致________________及数据的丢失，要经常给数控系统________或使数控机床运行温机程序。

### 二、判断题（正确的打“√”，错误的打“×”）

1．为维护数控机床，机床每天工作前需加润滑油润滑一次滚珠丝杠。（　　）

2．应防止各种杂质进入数控机床油箱，并且每年更换两次润滑油。（　　）

## 三、简答题

数控机床主传动链的维护内容有哪些?